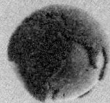

学生最喜爱的科普书

XUESHENGZUIXIAIDEKEPUSHU

U0652656

生活在湖泊
湿地的动物

王 宇◎编著

在未知领域 我们努力探索
在已知领域 我们重新发现

延边大学出版社

图书在版编目（CIP）数据

生活在湖泊湿地的动物 / 王宇编著 .—延吉：
延边大学出版社，2012.4（2021.1 重印）
ISBN 978-7-5634-3957-7

Ⅰ . ①生… Ⅱ . ①王… Ⅲ . ①动物—青年读物
②动物—少年读物 Ⅳ . ① Q95-49

中国版本图书馆 CIP 数据核字 (2012) 第 051740 号

生活在湖泊湿地的动物

————————————————————————

编　　　著：王　宇
责 任 编 辑：林景浩
封 面 设 计：映象视觉
出 版 发 行：延边大学出版社
社　　　址：吉林省延吉市公园路 977 号　　邮编：133002
网　　　址：http://www.ydcbs.com　　E-mail：ydcbs@ydcbs.com
电　　　话：0433-2732435　　传真：0433-2732434
发行部电话：0433-2732442　　传真：0433-2733056
印　　　刷：唐山新苑印务有限公司
开　　　本：16K　690×960 毫米
印　　　张：10 印张
字　　　数：120 千字
版　　　次：2012 年 4 月第 1 版
印　　　次：2021 年 1 月第 3 次印刷
书　　　号：ISBN 978-7-5634-3957-7

————————————————————————

定　　　价：29.80 元

　　湿地是位于陆生生态系统和水生生态系统之间的过渡性地带，在土壤浸泡在水中的特定环境中，生长着很多湿地的特征植物。湿地环境类型众多，其间生长着多种多样的生物物种，不仅物种数量多，而且具有重大的科研价值和经济价值。湿地广泛分布于世界各地，拥有众多野生动植物资源，是重要的生态系统。湿地是地球上有着多功能的、富有生物多样性的生态系统，是人类最重要的生存环境之一。

　　湖泊湿地是湿地中的一种重要类型，湖泊是在一定的地质历史和自然地理背景下形成的，由于区域自然条件的差异，以及湖泊成因和演化阶段的不同，显示出不同区域特点和多种多样的湖泊类型。根据湖泊起源，可分为海源湖与陆源湖；根据湖泊形成方式，可分为堰塞湖与凹陷湖；根据湖泊与河流的相互关系，可分为河口湖、河源湖与连河湖；根

据湖水的水量平衡关系，可分为排水湖、间歇性排水湖与不排水湖；根据湖水水量变化，可分为常年湖与时令湖；根据湖水的热状况及水温变化，可分为暖湖、冷湖与混合型湖；根据湖水的化学成分，可分为碳酸盐湖、硫酸盐湖与氯化物湖；根据湖水的矿化度，可分为淡水湖、半咸水湖与咸水湖。

湖泊湿地复杂多样的植物群落，为野生动物尤其是一些珍稀或濒危野生动物提供了良好的栖息地，是鸟类、两栖类动物繁殖、栖息、迁徙、越冬的场所。由于良好的生存条件促使湖泊湿地生活着各种各样的动植物，湖泊湿地气候适宜，水量充足，水温适中，光照条件好，霜期较长，所以水生动植物量大，资源丰富，为鱼类提供丰富的饵料，因此鱼类种类多，经济价值高。鱼类是湿地脊椎动物中种类最多、数量最大的生物类群，也是最重要的湿地野生动物资源之一。每年秋、冬湖泊水位较低的时候，就会形成大量的浅滩沼泽，是水鸟越冬、觅食、理想的栖息地。

本书主要讲那些生活在湖泊湿地的动物，其中包括：湖泊湿地的鸟类动物、鱼类动物、两栖类动物、兽类动物、无脊椎动物，使读者对湖泊湿地动物有一个初步的了解和学习，同时也列举出了中国著名湖泊。

目 录
CONTENTS

第❶章
湖泊湿地鸟类

鹈 鹕 ·············· 2

鸬 鹚 ·············· 6

翠 鸟 ·············· 10

骨顶鸡 ·············· 13

苦恶鸟 ·············· 16

绿头鸭 ·············· 19

大 雁 ·············· 21

天 鹅 ·············· 24

蜂 鸟 ·············· 27

丹顶鹤 ·············· 31

鸳 鸯 ·············· 34

啄木鸟 ·············· 36

第❷章
湖泊湿地鱼类

草 鱼 ·············· 40

鲚 鱼 ·············· 42

银 鱼 ·············· 44

鳜 鱼 ·············· 47

黑 鱼 ·············· 50

鲶 鱼 ·············· 53

鳗 鲡 ·············· 55

江 鳕 ···································· 57

金线鱼 ···································· 60

哲罗鲑 ···································· 62

鲤 鱼 ···································· 64

金 鱼 ···································· 66

第❸章

湖泊湿地两栖类

中华蟾蜍 ···································· 70

泽 蛙 ···································· 72

金线蛙 ···································· 74

黑斑蛙 ···································· 76

饰纹姬蛙 ···································· 78

蝾 螈 ···································· 80

第❹章

湖泊湿地爬行类动物

壁 虎 ···································· 84

巴西龟 ···································· 87

草 龟 ···································· 90

黄喉拟水龟 ···································· 93

鳄 鱼 ···································· 96

螃　蟹 …………………………………………………… 100

第❺章

湖泊湿地兽类

江　豚 ………………………………………………… 104

水　獭 ………………………………………………… 108

水　貂 ………………………………………………… 111

麋　鹿 ………………………………………………… 113

麝　鼢 ………………………………………………… 117

田　鼠 ………………………………………………… 119

河　狸 ………………………………………………… 121

蝙　蝠 ………………………………………………… 124

第❻章

湖泊湿地无脊椎动物

青　虾 ………………………………………………… 128

中华绒螯蟹 …………………………………………… 130

圆田螺 ………………………………………………… 133

环棱螺 ………………………………………………… 136

虾 ……………………………………………………… 138

三角帆蚌 ……………………………………………… 140

褶纹冠蚌 ……………………………………………… 142

蝴蝶 …………………………………………… 144

螳　螂 …………………………………………… 147

瓢　虫 …………………………………………… 149

蝗　虫 …………………………………………… 151

湖

第一章

泊湿地鸟类

湖泊湿地气候适宜，水量充足，霜期较长，水生动植物量大，每年秋、冬湖泊水位较低，形成大量的浅滩沼泽，是水鸟越冬、觅食理想的栖息地。

鹈鹕

Ti Hu

鹈鹕又被叫做塘鹅，鹈形目鹈鹕科鹈鹕属 7 或 8 种水禽的统称，最显著的特征为大而具有弹性的喉囊。白鹈鹕的体形比卷羽鹈鹕小，体形粗短肥胖，颈部细长。体长为 140～175 厘米，翅展可达 3 米，体重可达 13 千克，是现存鸟类中个体最大者之一。鹈鹕用像小捞网似的大喉囊捕鱼而食，它不是用喉囊储存鱼，而是立即把鱼吞下。褐鹈鹕从空中扑入水中捕鱼，动作十分壮观。白鹈鹕主要栖息于湖泊、江河、沿海和沼泽地带。

※ 鹈鹕

◎地区分布

鹈鹕是一种大型的游禽，在世界上共有 8 种，大多分布在欧洲、亚洲、非洲等地。我国的鹈鹕共有 2 种，分别为：斑嘴鹈鹕和白鹈鹕。斑嘴鹈鹕，鸟如其名，在它的嘴上布满了蓝色的斑点，头上被覆粉红色的羽

冠，上身为灰褐色，下身为白色。最常见的鹈鹕是两种鹈鹕，一种是产于北美新大陆白鹈鹕，一种是产于欧洲的旧大陆鹈鹕。褐鹈鹕体型比白鹈鹕小一些，体长大约107～137厘米。它们在大西洋和太平洋的热带和亚热带海岸线上繁殖。原来曾分布于新大陆的海岸线上。由于大量灭虫剂的使用等原因，1940～1970年期间，褐鹈鹕的数量呈大幅减少趋势，以致于处于濒危状态。后来禁止使用灭虫剂以后，褐鹈鹕的数量有所增加，但仍属保护动物。

◎鹈鹕生活习性

鹈鹕在野外通常情况下成群生活，除了游泳外，每天大部分时间都是在岸上晒晒太阳或耐心地梳洗羽毛。鹈鹕的眼睛敏锐，擅长飞翔和游水。飞行时头部向后缩，颈部弯曲靠在背部，脚向后伸，两翅鼓动缓慢而有力，也能像鹰一样在空中利用上升的热气流来回翱翔和滑翔，但通常没有鹰飞得高。在水中游泳时，颈常曲成"S"形，并不时地发出粗哑的叫声。它主要以鱼类为食，觅食的时候通常情况下会从高空直扎入水中。一般不会发出声响，但能发出带喉音的咕哝声。即使在高空飞翔时，漫游在水中的鱼儿也逃不过它们的眼睛。如果成群的鹈鹕发现鱼群，它们便会排成直线或半圆形进行包抄，把鱼群赶向河岸水浅的地方，这时张开大嘴，凫水前进，连鱼带水都成了它的囊中之物，再闭上嘴巴，收缩喉囊把水挤出来，鲜美的鱼儿便吞入腹中，美餐一顿。鹈鹕有一张又长又大的嘴巴，嘴巴下面还有一个大大的喉囊。成年鹈鹕的嘴巴都能长到40厘米。巨大的嘴巴和喉囊使鹈鹕显得头重脚轻。鹈鹕在陆地上走路时总是摇摇摆摆步履蹒跚，这是因为鹈鹕的大嘴很碍事。尤其是当它捕到猎物的时候，大嘴和喉囊里装满了海水，这使得它浮出水面的时候非常困难。人们见到鹈鹕浮出水面的时候，总是尾巴先露出水面，然后才是身子和大嘴。而且，鹈鹕一定要把嘴中的海水吐出来，才能从水面起飞。

◎繁殖与育雏

鹈鹕的求偶和育雏方法特别有意思。鹈鹕通常一大群在一起繁殖。雄鹈鹕向雌鹈鹕求爱的时候，在空中跳着"8"字舞。雄鸟在接近配偶时，常常挥翼起舞，并且不断用嘴斯磨和梳理抚弄雌鸟羽毛，以讨得伴侣的欢心，蹲伏在占有的领地上，嘴巴上下相互撞击，发出急促的响声，脑袋以奇特的方式不停地摇晃，希望在众多的"候选人"中得到雌性对自己的垂

青，从此，便开始过俪影双双的共宿同飞的生活了。全世界大约有 7～8 种鹈鹕，栖息在全球许多地区的江河湖泊和海边。有些种类的鹈鹕体长可达 180 厘米，翼展长度可达 3 米，体重 13 千克，是现存鸟类中体型最大的鸟类之一。每到了繁殖季节，鹈鹕便选择人烟稀少的树林，在一棵高大的树木下用树枝和杂草在上面筑成巢穴。鹈鹕通常每窝产 3 枚卵，卵为白色，大小如同鹅蛋。小鹈鹕的孵化和育雏任务，由父母共同承担。当小鹈鹕孵化出来后，鹈鹕父母将自己半消化的食物吐在巢穴里，供小鹈鹕食用。小鹈鹕再长大一点时，父母就将自己的大嘴张开，让小鹈鹕将脑袋伸入它们的喉囊中，取食食物。

◎鹈鹕分类

卷羽鹈鹕是分布在欧洲东南部至中国沼泽及浅水湖的一种鹈鹕。卷羽鹈鹕现存没有亚种。卷羽鹈鹕是最大的鹈鹕，长 1.7 米，重 11～15 千克，翼展超过 3 米。以平均计，它们是最重的飞行动物。它们与白鹈鹕不同的是其颈上羽毛是卷曲的、脚呈灰色及羽毛呈灰色的。它们的下颌在繁殖季节是红色的。雏鸟是灰色的，不像白鹈鹕般面部有粉红色的斑点。

斑嘴鹈鹕为鹈鹕科鹈鹕属的鸟类，俗名花嘴鹈鹕、塘鹅、犁鹕、淘鹅。繁殖在中亚地带及欧亚洲南部以及中国的河北以南的东部地区、偶见于新疆、云南、繁殖在东南部等地，一般栖息于热带和亚热带的河川、湖泊等处。该物种的模式产地在菲律宾的马尼拉。

澳洲鹈鹕是一种大型涉禽，分布在澳洲及新几内亚、也有在斐济、印尼及新西兰。澳洲鹈鹕在鹈鹕中算中等身型：长 1.6～1.8 米，翼展 2.3～2.5 米，重 4～13 千克。它们主要呈白色，双翼的主羽呈黑色。喙呈淡粉红色，在鸟类中是最大的，可以长达 49 厘米。

白鹈鹕也叫东方白鹈鹕或大白鹈鹕，是一种大型鹈鹕。产于欧洲到亚洲以及非洲的沼泽地和浅湖区。在中国见于新疆的天山西部、准噶尔盆地西部和南部水域、塔里木河流域，青海湖。白鹈鹕在欧洲东南地区繁殖，越冬在亚洲西南部以至非洲。

褐鹈鹕是最细小的鹈鹕。它们长 106～137 厘米，重 2.75～5.5 千克，翼展 1.83～2.5 米。褐鹈鹕是特克斯和凯科斯群岛的国鸟，也是美国路易斯安那州的州鸟。

生活在湖泊湿地的动物

▶知 识 窗

　　鹈鹕的捕食方式非常奇特。从山崖上起飞后，鹈鹕在距海面不远的空中向海里侦察。一旦发现猎物，鹈鹕就收拢宽大的翅膀，从15米高的空中像炮弹一样直射进水里抓捕猎物。巨大的击水声在几百米以外都能听得清清楚楚。鹈鹕是鸟类中体魄强壮的一族。成年的鹈鹕身体长约1.7米，展开的翅膀有2米多宽。它的翅膀强壮有力，能够把庞大的身躯轻易送上天空。鹈鹕是一种喜爱群居性的鸟类，它们喜欢成群结队地活动。每当鹈鹕集体捕鱼的时候，在海面上人们可以看到鹈鹕此起彼伏地从空中跳水的壮观场面。

拓展思考

1. 鹈鹕分布在我国哪里？
2. 鹈鹕求偶方式有什么特别？

鸬鹚
Lu Ci

鸬鹚也叫做鱼鹰、水老鸦。羽毛黑色，有绿色光泽，颌下有小喉囊，嘴长，上嘴尖端有钩，善潜水捕食鱼类。渔人经常会驯养鸬鹚，用它来捕鱼。普通鸬鹚主要生活在旧大陆和北美洲东海岸，一般在悬崖上或树上作窝，但是越来越多地也在内陆生活。在海草和嫩枝搭成的窝里一次产3～4枚蛋。体长90厘米，有偏黑色闪光，嘴厚重，脸颊及喉白色。繁殖期颈及头饰为白色丝状羽，两胁具白色斑块。幼鸟：深褐色，下体污白。虹膜为蓝色；喙为黑色，下嘴基裸露皮肤黄色；脚为黑色。

※ 鸬鹚

◎生活习性

鸬鹚一般生活在河流、湖泊、水库、海湾，快速潜泳在水中用尖端带钩的嘴捕捉鱼类，以鱼类为食。鸬鹚身长在80厘米左右，体重大约1700～2700克。为候鸟。鸬鹚善于潜水，能在水中以长而钩的嘴捕鱼。野生鸬鹚平时栖息在河川和湖沼中，也经常会低飞，掠过水面。单独或结

群在水中捕鱼。趾间有蹼相连，善于游泳和潜水。鸬鹚是鸟类中非常棒的潜水明星。主要食鱼类和甲壳类动物为食。鸬鹚在捕猎的时候，脑袋扎在水里追踪猎物。鸬鹚的翅膀已经进化到可以帮助划水。所以，鸬鹚在海草丛生的水域主要用脚蹼游水，在清澈的水域或是沙底的水域，鸬鹚就脚蹼和翅膀并用。在能见度低的水里，鸬鹚往往采用偷偷靠近猎物的方式到达猎物身边时，突然伸长脖子用嘴发出致命一击。这样，不管多么灵活的猎物也绝难逃脱。在昏暗的水下，鸬鹚一般情况下是看不清猎物的。所以，它只有借助敏锐的听觉才能百发百中。鸬鹚捕到猎物后一定要浮出水面吞咽。所以，在我国南方和印度的江河湖海中能见到渔民们驯养的鸬鹚在帮助渔民们捕鱼。渔民们放出鸬鹚之前，先在鸬鹚的脖子上套上一个皮圈，这样，就可以防止鸬鹚将捕获的猎物吞下肚子。鸬鹚捕到鱼后跳到渔民的船上，在渔民的帮助下将嘴里的鱼吐出来。鸬鹚非常能吃，一昼夜它要吃掉 1.5 千克重的鱼。一条 35 厘米长，半斤重的鱼它能一口吞下。鸬鹚广泛分布与亚欧大陆及非洲大陆的江河湖海中。人们常见的是江河中的普通鸬鹚。其实，鸬鹚的种类也很丰富。它们虽然都属于鸬鹚，但是相貌和习性各有特色。生活在加拉帕哥斯群岛上的加拉帕哥斯鸬鹚和广泛分布在亚洲和非洲的大鸬鹚都是十分有特色的品种。

◎鸬鹚的繁殖

鸬鹚一般在湖泊中的砾石小岛或沿海岛屿上繁殖。鸬鹚在人工驯养条件下能正常产卵，每年初夏进入繁殖期的时候，每只雌鸟可产卵 6～20 枚，其繁殖生态与家鹅相似。每当繁殖季节，到临近水域的悬崖峭壁上、大树上或沼泽地的矮树上、芦苇中以树枝或海藻营巢。每窝卵 2～5 枚。卵白色而具蓝或浅绿光泽。孵化期 28 天。雏鸟为晚成性。亲鸟把捕捉到的鱼贮在喉囊中，雏鸟将头伸入啄食。在一些地方人们驯化它们用以捕鱼。

◎人工驯养

普通的鸬鹚因为捕鱼本领高超，所以自古就被人们驯养用来捕鱼。在云南、广西、湖南等地，至今仍然有人驯养鸬鹚捕鱼。人工驯养环境中的鸬鹚，除每天定时入水捕鱼外，喜栖于朝阳通风的环境中休息。鸬鹚适应于在不结冰的环境温度中生活。饲料以小鱼、黄鳝及猪肠为主食，每只每天饲料量 800～1500 克。换羽期适当增喂豆类食品，如豆腐等，每只每天 300～400 克。每天下午喂食 1 次，食后多立于栖架上休息。饱食后的鸬

鹚不宜运动和使役捕鱼。当鸬鹚幼雏60日龄左右，就可让其下水。100日龄后逐渐让其跟随成年鸬鹚学习捕鱼。150日龄后就可逐渐进行正常捕鱼。驯养鸬鹚捕鱼，多掌握在每天上午空腹时，每次入水捕捉40～60分钟，捕后立于船上休息40～60分钟后再次入水捕鱼。一般每天可3次入水捕鱼120～180分钟，鸬鹚入水捕鱼时多咬头部或鳃部。通常每次独自捕捉的活鱼体重500克左右，最大时也能独自捕到重达5000克的活鱼。超过5000克的鱼，也能捕到。但需几只或十几只的鸬鹚共同合作，以及驯养人协作方可完成捕获任务。据有关资料，曾有一群十数只鸬鹚合力捕捉到体重15千克以上的大型鳇鱼。根据的渔民经验，雄性鸬鹚体型比雌性鸬鹚略大，其捕鱼能力也优于雌性鸬鹚。训练捕鱼时，需用莎草、藁草或别的草茎做成的圈环（也有用特制铜环的）套上鸬鹚颈上，使其只能吞下小鱼，不能吞下比较大的鱼。当鸬鹚每次捕到大鱼时，取下鱼后应喂上1条小鱼以资鼓励，使其多下水捕鱼。开始训练也可先用很多的绳子缚在鸬鹚的脚上，绳的另一端缚在河港的岸边，叫鸬鹚入水捉鱼，假如捉到了鱼，训练的人口里就会发出特别的叫声，将鸬鹚叫回岸上来，再用小鱼喂给它吃。吃过以后，再赶到水里去，叫它去捕鱼。这样天天训练，大约经过一个月，便可用一只小船，让鸬鹚站在两边船舷上，再把船摇到一定的地方，然后把它赶下水去捉鱼。这样训练一个多月，就可以完全驯服，听渔人指挥。

◎鸬鹚分类

斑头鸬鹚为候鸟，是我国沿海鸟类。繁殖于太平洋东海岸北部和邻近海岛，包括我中的东北南部旅顺，河北，山东烟台、威海市、青岛旅鸟或夏候鸟，冬时向南迁至浙江，福建，台湾，云南等地。栖息于温带海洋沿岸和附近岛屿及海面上，迁徙和越冬时也见于河口及邻近的内陆湖泊。

海鸬鹚为鸬鹚科鸬鹚属的鸟类，俗名乌鹈。分布于太平洋北部及西伯利亚东部沿海一带，包括堪察加半岛。为海鸟，活动于隐蔽沿岸的海水海湾及河口、亦在宽阔的大海中以及营巢于海边峭壁或岩穴间。该物种的模式产地在西伯利亚东部勘察加半岛。

红脸鸬鹚俗名鸬鹚，全长约760毫米，全身黑色，具绿色光泽，头顶和后头各具冠羽，额和眼周红色，下体体侧具白色斑块（冬羽头无冠羽，下体体侧无白色斑块）。栖息于海岸、海滩、河口三角地带及其他水域，集群活动和繁殖。其食物全为鱼类。5～9月为繁殖期。筑巢于崖壁或石岛上。巢大而密集。每窝产卵2～5枚。红脸鸬鹚为居留型鸟类，部分种群作小距

生活在湖泊湿地的动物

离迁徙。我国仅见于辽东半岛大连湾和台湾沿海，数量极为稀少。

黑颈鸬鹚为鸬鹚科鸬鹚属的鸟类，俗名小鸬鹚。分布于自加里曼丹、爪哇岛、印度、孟加拉国、中南半岛以及中国的云南等地，多生活于低地的淡水区、包括湖泊、池塘、江河、沼泽地及稻田等以及亦见于沿海地带及河口、红树林间。该物种的模式产地在孟加拉国。

▶ **知识窗**

　　鸬鹚捕鱼是我国传承千年的古老技艺，这项技艺在江西省著名的风景名胜区龙虎山中的渔民中也世代相传着。一叶扁舟出没于龙虎山的丹山碧水之中，矫健的鱼鹰、迅捷的鱼儿、黝黑的渔夫、碧绿的江水、两岸的群山，构成了一幅完美动人的和谐画卷。龙虎山的鸬鹚捕鱼具有自己独特的历史传承，这项工作需要勇气、技艺、人与鹰的无间合作，是龙虎山的野性、力量与传统的象征。

　　竹筏原本停靠于龙虎山无蚊村上游。只听音乐起后，筏子出发，六筏呈一字排开，到达指定演出地点后，围成扇面。鸬鹚捕鱼好戏此时精彩上演。只见"牧鹰人"（渔人）发令，鱼鹰们便一头扎进水里，仅一会儿功夫，第一只鱼鹰钻出了水面，喉咙里塞满了鱼。捕鱼时，鱼鹰们的脖子上，通常套有一根麻织的细绳子，以防它们私吞大鱼。眼疾手快的"牧鹰人"一手抄回子、把鱼头抄进去，一手抓鹰把鱼扔进舱里；顺手拿出一条小鱼填进鱼鹰嘴，用手一揿皮条的活扣、将其皮囊解开，小鱼便进了其胃中……为了将这项古老的捕鱼技术能够传承并发扬光大，江西龙虎山风景名胜区管委会已经将龙虎山中所有有这项捕鱼技艺的渔民召集起来，至2009年开始每年举办一次大规模的鸬鹚捕鱼大赛，在丰富该景区旅游内容的同时，更重要的是将我国这项古老的捕鱼技艺不断保留。

│拓展思考│

1. 渔民利用鸬鹚做什么？
2. 怎样驯养鸬鹚？

翠 鸟

Cui Niao

翠鸟为佛法僧目翠鸟科的 1 属。翠鸟分布区域广泛，大部分翠鸟分布在旧大陆和澳大利亚，"翠鸟"既可指单一的翠鸟科，又可指包含有翠鸟科、翡翠科和鱼狗科三科的翠鸟亚目。翠鸟大约有 90 种，其共同的特点是：自额至枕蓝黑色，密杂以翠蓝横斑，背部辉翠蓝色，腹部栗棕色；头顶有浅色横斑；嘴和脚均赤红色。从远处看很像啄木鸟。因背和面部的羽毛翠蓝发亮，因而通称翠鸟。绝大多数种类分布在热带地区，极少数种类只能在森林里发现。翠鸟猎物种类繁多，通常会从栖木上猛扑以捕捉鱼类。

◎分布地区

该科总共有物种 18 属 94 种 307 个亚种，我国有 5 属 11 种。可分为翠鸟亚科、鱼狗亚科和翡翠亚科（笑翠鸟亚科）3 个亚科，分布遍及世界各地，翠鸟有三个主要的分布区，分别是亚太地区、非洲和美洲。在翠鸟的三个分布区中，亚太地区是翠鸟的最大聚居地，其种类远比其他地方的总和还要多，而又以新几内亚岛及附近岛屿为核心的东南亚和大洋洲的各个岛屿上具有最高的多样性，这是因为在这些不同岛屿的相对隔绝的环境中演化出了不同的种类，同时一些分布广泛的种类在这些地方也演化出了不同的亚种。除了种类繁多之外，亚太地区的翠鸟在形态、习性等方面也具有最高的多样性。翠鸟的栖息地是多种多样的，包括森林特别是热带雨林、稀树草原、淡水水域、海湾地带特别是红树林地区。

◎生活习性

一般情况下翠鸟都会单独行动，平时它们会独栖在近水边的树枝上或岩石上，等待猎物，食物以小鱼为主，也会吃甲壳类和多种水生昆虫及其幼虫，偶尔啄食小型蛙类和少量水生植物。常直挺地停息在近水的低枝和芦苇上，也常常停息在岩石上，伺机捕食鱼虾等，因而又有鱼虎、鱼狗之称。并且在翠鸟扎入水中后，还能保持水中捕鱼极佳的视力，这是因为它的眼睛进入水中后，能迅速调整水中因为光线造成的视角反差。所以翠鸟

的捕鱼本领几乎是百发百中，毫无虚发。

翠鸟有林栖和水栖两大类型。林栖类翠鸟远离水域，以昆虫为主食；水栖的一类主要生活在各地的淡水域中，喜在池塘、沼泽、溪边生活觅食，食物以鱼虾昆虫为主。常常静栖于水中蓬叶上，水边岩石上的树枝上。眼睛死盯着水面，一旦发现有食物，则以闪电般的速度直飞捕捉，而后再回到栖息地等待，有时像火箭一样在水面飞行，十分好看。

※ 翠鸟

翠鸟常在水边的土崖或是堤岸的沙坡上用嘴凿穴为巢。巢室为球状，直径为 16 厘米左右，巢内铺以鱼骨和鱼鳞等物，准备养儿育女。每年春夏季节产卵，每窝产卵可达 4～5 枚。

◎翠鸟的繁殖

翠鸟可以用它强有力的大嘴在土崖壁上穿穴做巢，也经常会把巢安在田野堤坝的隧道中，这些洞穴鸟类与啄木鸟一样，洞底一般情况下没有任何铺垫物。卵直接产在巢穴地上。每窝产卵 6～7 枚。卵色纯白，辉亮，稍具斑点，大小约 28 毫米×18 毫米，每年 1～2 窝；孵化期约 21 天，雌雄共同孵卵，但只由雌鸟喂雏。中国南方的翠鸟繁殖期为每年的 4～7 月。翠鸟羽毛美丽，可供作装饰品。但嗜食鱼类，对渔业生产不利。

◎翠鸟的分类

白胸翡翠属于翠鸟科、翡翠属。捕食于旷野、河流、池塘及海边。其颏、喉及胸部白色；头、颈及下体馀部褐色；上背、翼及尾蓝色鲜亮如闪光；翼上复羽上部及翼端黑色。虹膜一深褐色；喙一深红；脚一红色。叫声一响亮而清脆的笑声。分布在中东、印度、中国南部、东南亚、菲律宾、安达曼斯群岛及苏门答腊。

蓝翡翠体大体长大约 30 厘米的蓝色、白色及黑色翡翠鸟。以头黑为特征。翅膀上羽色为黑，上体其余为亮丽华贵的蓝色兼紫色。两胁及臀沾棕色。飞行时白色翼斑显见。虹膜为深褐色；嘴为红色；脚也是红色。尾羽较喙长，翅形短圆，头顶黑色，颈有白圈，额至上颈、喙角、颊至颈侧，以及内侧翼上覆羽等均绒黑色，此下具一小型白斑。上体辉紫蓝色，腰部更辉亮。

普通翠鸟体长 15 厘米左右、具亮蓝色及棕色的翠鸟。上体金属浅蓝绿色，颈侧具白色点斑，下体橙棕色，额白。幼鸟色黯淡，具深色胸带。橘黄色条带横贯眼部及耳羽为本种区别于蓝耳翠鸟及斑头大翠鸟的识别特征。虹膜是褐色的，雄鸟嘴为黑色，下颚橘黄色，红色的脚。

▶ 知 识 窗

蓝翡翠已被列入国家林业局 2000 年 8 月 1 日发布的《国家保护的有益的或者有重要经济、科学研究价值的陆生野生动物名录》。生活在亚洲和非洲的南部地区。雄鸟全身以黑色为主。脖子上有一圈宽宽的白色羽毛。尾部和翅膀上也有白色的羽毛。翅膀的下侧也是白色的。雌鸟的颜色与雄鸟十分相似。只是雌鸟脖子上的白色羽毛不是一圈，而只是胸前的一撮白毛。雌鸟还有一个显著的特征，就是它们的脖子和腿都是黑色的。斑点翠鸟也有挖洞产卵的习性。不过，它们的地洞没有束带翠鸟那么深。斑点翠鸟挖掘的地洞一般只有 30 厘米深。隧道的顶端就是雌鸟的产房。斑点翠鸟一窝可以产下 2～6 枚卵。孵卵和喂养幼鸟的工作由雌鸟和雄鸟共同完成。

|拓展思考|

1. 翠鸟有什么特征？
2. 人们为什么又称翠鸟为水狗？

骨顶鸡

Gu Ding Ji

骨顶鸡属于鸟类中的鹤形目秧鸡科骨顶属。骨顶鸡的嘴和额板呈白色，其余头顶、头侧、眼先、后颈辉黑色。上体其他部分是灰黑褐色或者暗橄榄褐色。飞羽为灰褐色，羽轴黑褐色，富有光泽。内侧飞羽具灰白色羽端，形成明显的白色翼斑。飞起来的时候明显可见。翼缘和第一枚初级飞羽外侧羽缘白色。额、喉黑色，杂有白色。余下的下体为暗灰色，胸和腹杂有白色。虹膜红褐色，嘴和额甲白色。跗跖、趾和瓣蹼绿黑色。骨顶鸡的大小量度为：体重雄性 520～835 克，雌性 430～600 克，体长雄性 382～430 毫米，雌性 351～405 毫米；嘴峰雄性 28～37 毫米，雌性 28～37 毫米；翅雄性 195～225 毫米，雌性 190～227 毫米；尾雄性 55～80 毫米，雌性 47～72 毫米；跗跖雄性 50～75 毫米，雌性 51～72 毫米。

※ 骨顶鸡

生活在湖泊湿地的动物

◎分布地区

骨顶鸡在我国的分布非常广泛，全国各地几乎都有，北至黑龙江、内蒙古，东至吉林长白山，西至新疆天山、西藏喜马拉雅山，南至云南、广西、广东、福建、香港、台湾和海南岛。其中在东北、华北、西北和内蒙古为夏候鸟，长江以南的为冬候鸟。骨顶鸡同时广泛分布在欧亚大陆、非洲、印度尼西亚、澳大利亚和新西兰。

◎生活习性

骨顶鸡一般生活在低山、丘陵和平原草地、有的甚至生活在荒漠与半荒漠地带的各类水域中。这里面富有芦苇、三棱草等水边挺水植物的湖泊、水库、水塘、苇塘、水渠、河湾和深水沼泽地带骨顶鸡最为常见。骨顶鸡擅长游泳，能潜水捕食小鱼和水草，游泳时尾部下垂，头前后摆动，遇有敌害能较长时间潜水。骨顶鸡为杂食性动物，但是主要以植物为食，其中以水生植物的嫩芽、叶、根、茎为主，也吃昆虫、蠕虫、软体动物等。除了繁殖期以外，骨顶鸡常常成群活动，尤其是在迁徙的季节，经常成数十只、甚至上百只的大群，偶尔也可以看到见单只和小群活动，有时亦和其他鸭类混群栖息和活动。善游泳和潜水，一天的大部分时间都游弋在水中。游泳时喜欢穿梭在稀疏的芦苇丛间或在紧靠芦苇和水草边的开阔水面上，并不时地晃动着身子和不住地点头，尾下垂到水面。遇人时有的会潜入水中，有的会进入旁边的芦苇丛和水草丛中躲避，但不久即又出来，危急时则迅速起飞，起飞时需在水面助跑后才能飞起，两翅扇动迅速，并发出呼呼声响。通常飞不了多远又落下，而且多贴着水面或苇丛低空飞行。鸣声短促而单调，甚为嘈杂。

◎骨顶鸡的繁殖

骨顶鸡的繁殖期为5月份到6月份。营巢于有开阔水面的水边芦苇丛和水草丛中。雌雄共同营巢。最早在4月中下旬就可以看到有少数个体开始营巢。但大量营巢在5月。巢系就地弯折芦苇或蒲草搭于周围的芦苇或蒲草上作基础，然后堆集一些截成小段的芦苇和蒲草即成，所以巢经常和周围的芦苇、水草搅缠在一起，而不是漂浮在水面，但它可随水面而升降。巢极为简陋，形状似一圆台状，巢的测量为外径27～46厘米，内径14～27厘米，巢高17～35厘米，巢深4～8厘米。巢露出水面高度为6～16厘米。一年繁殖一窝。产卵时间较为集中，最早的个体于5月初产卵，

大批产卵时间在 5 月中下旬。1 天产卵 1 枚，每窝产卵 7～12 枚，常为 8～10 枚。卵为尖卵圆形或梨形，青灰色、灰黄色或浅灰白色，略带绿色光泽、被有棕褐色斑点。孵卵由雌雄亲鸟轮流承担，孵化期为 24 天。雏鸟早成性，刚出壳时体重有 22～25 克，全身被有黑色绒羽，头部长有橘黄色绒羽，头顶以及眼后有稀疏毛状纤羽，上眼眶呈淡紫蓝色，跗蹠黑色，嘴和额红色，出壳后当天即能游泳。

▶知识窗

　　白骨顶鸡属鹤形目秧鸡科的鸟类，是白骨顶鸡的一个亚种。嘴长度适中，高而侧扁。头具额甲，白色，端部钝圆。翅短圆，第 1 枚初级飞羽较第 2 枚为短。跗蹠短，短于中趾不连爪，趾均具宽而分离的瓣蹼。体羽全黑或暗灰黑色，多数尾下覆羽有白色，两性相似。栖息于有水生植物的大面积静水或近海的水域。善游泳，能潜水捕食小鱼和水草，游泳时尾部下垂，头前后摆动，遇有敌害能较长时间潜水。杂食性，但主要以植物为食，其中以水生植物的嫩芽、叶、根、茎为主，也吃昆虫、蠕虫、软体动物等。

||拓展思考||

1. 骨顶鸡对生存环境有哪些要求？
2. 几月为骨顶鸡的繁殖期？

苦恶鸟

Ku E Niao

苦恶鸟是一种涉禽，其体形短胖。苦恶鸟属的秧鸡在体色上以素色和暗色为特征，有的以黑色为主，有的带有橄榄褐、暗褐、石板灰和棕色。体形大小同秧鸡相似。嘴短，嘴均为黄色或绿色，它的长度约为跗跖的 2/3。嘴形多样。嘴基稍隆起，但不形成额甲。翅较圆，第一枚初级飞羽较短，第三枚初级飞羽最长，第二枚与第五枚或第六枚等长。大多数腿的颜色鲜艳。翅较圆，跗跖细长，其长度短于中趾连爪。体羽黑色，红眼睛，嘴为黄色，腿的颜色桔红，非常鲜艳。

※ 苦恶鸟

◎苦恶鸟分布

苦恶鸟全世界有八种，其主要分布在南亚和东南亚地区，包括印度、尼泊尔、斯里兰卡、中国东南部、菲律宾、印度尼西亚、新几内亚和昆士兰等。中国有三种，主要分布在长江流域以及广西、云南等地区。

◎生活习性

平常不容易看到苦恶鸟，这是因为它们不喜欢高飞，同时也不栖息在树上，而是藏身在河边或低洼地方的草丛中。苦恶鸟生活在芦苇沼泽地、稻田、芋田以及河流、水边的灌木丛和林间湿地。善奔走，在芦苇或水草丛中潜行，亦稍能游泳，偶作短距离飞翔。杂食性，吃蠕虫、软体动物、昆虫和沼泽地植物的种子。啄食时动作迅速，双翅下垂，尾竖立并频繁摆动，也能在人类生活区附近的开阔地觅食。虽然喜欢不停地苦叫，可是一听到有声响，就寂然贴伏在草丛里不动，所以很难有机会见到它们，只有偶然在稻田或低地上觅食，无意被人撞见了，它就一溜烟窜入草丛中，这时才有机会可以看见，但有许多人，又不会知道这就是苦恶鸟。

◎苦恶鸟的繁殖

　　繁殖时期的苦恶鸟雄鸟晨昏都会很激烈地鸣叫，在荆棘或者密草丛里，偶尔也能在树上，以细枝、水草和竹叶等编成简陋的盘状巢。每窝产卵6～9枚。卵土黄色，上布紫褐色和红棕色的稀疏纵纹和斑点。雏鸟为早成性，孵出后即能离巢，但仍与亲鸟一起活动。

◎苦恶鸟主要种类

　　白胸苦恶鸟是一种体型略大的深青灰色以及白色的苦恶鸟。头顶上以及上体为灰色，脸、额、胸及上腹部白色，下腹以及尾下为棕色。虹膜为红色；嘴为偏绿，嘴基为红色；脚为黄色。黎明或者夜晚数鸟一起作喧闹而怪诞的合唱，及其他声响，一次可以持续15分钟。分布在印度、中国南部、东南亚、菲律宾、苏拉威西岛、马鲁古群岛及马来诸岛。亚种chinensis繁殖在中国北纬34°以南低地。越冬于云南、广西、海南岛、广东、福建及台湾，偶见于山东、山西及河北。为适宜生境下的一般性常见鸟，高可至海拔1500米。通常单个活动，偶尔两三成群，于湿润的灌丛、湖边、河滩、红树林及旷野走动找食。多在开阔地带进食，因而较其他秧鸡类常见。

　　红脚苦恶鸟是苦恶鸟里的中等体型，色暗而腿红。上体全部是橄榄褐色，脸以及胸青灰色，腹部及尾下褐色。幼鸟灰色较少。体羽无横斑。飞行无力，腿下悬。虹膜－红色；嘴－黄绿；脚－洋红；叫声拖长颤哨音，降调。分指名亚种和华南亚种，后者分布在我国。印度次大陆至中国以及印度支那的东北部。红脚苦恶鸟在我国仅仅分布在贵州、湖南、安徽、江苏、浙江、广东、广西、福建、香港，数量较少，不常见。繁殖在多芦苇或多草的沼泽。在中国南方的山区稻田为地区性常见鸟。性羞怯，多在黄昏活动，尾不停地抽动。

　　黑苦恶鸟是一种涉禽，身体短胖。体形大小同秧鸡差不多。嘴短，其长度约为跗跖的2/3。嘴基稍稍隆起，但是不形成额甲。翅膀比较圆，第一枚初级飞羽较短，第三枚初级飞羽最长，第二枚与第五枚或第六枚等长。跗跖细长，其长度短于中趾连爪。体羽黑色，红眼睛，嘴为黄色，腿的颜色桔红非常鲜艳。主要栖息地是沼泽，在距水面不高的密草丛中筑巢。繁殖生活于北方，迁南方过冬。对栖息地的选择较广，有湿地、草地、森林和灌丛等生活型，在非繁殖季节通常单个栖息，繁殖季节为季节性配对或家庭栖息，但在结群物种中为群居，在秋、冬季最明显。

▶知识窗

　　关于苦恶鸟的民间传说很多，最主要的是两种。一种是说苦恶鸟是一个被家姑折磨至死的苦命媳妇，所以会发出"姑恶姑恶"的叫声。苏东坡、陆放翁等人都有咏姑恶诗，可见宋朝已经有了这种传说。另一种传说则与这恰恰相反，说是不孝妇所化。相传有盲目老家姑，儿子出外，媳妇厌恶她，又欺她年老目盲，以蚯蚓拌饭给她吃，骗说是鳅鱼，后来被儿子回来看见了，赶走媳妇，她就化为苦恶鸟，要苦叫整夜，才可以在河边得到一条蚯蚓来充饥。苦恶鸟喜欢夜里叫，声音单调迟缓，"苦哇——苦哇"，时常整夜叫个不停。这些传说都很凄惨，反映了中国旧礼教和封建家庭下悲苦人们的生活，再加上它的叫声确是"苦哇苦哇"的很凄凉，所以一听到这种水鸟的叫声，使人闻之惆怅难过。

拓展思考

1. 苦恶鸟的基本特征是什么？
2. 苦恶鸟是怎么得名的？

生活在湖泊湿地的动物

绿头鸭

Lü Tou Ya

绿头鸭也叫做大头绿（雄）、蒲鸭（雌），水鸭是家鸭的野生品种。绿头鸭身长大约为 51～62 厘米，翼展 81～98 厘米，体重 850～1400 克，一般寿命为 29 年。绿头鸭体形中等，大约有 58 厘米。雄鸟头及颈部深绿色，并有光泽，第一年的时候亚成体头显黑色，尾部的中央有 4 枚尾羽向上卷曲如钩。雄鸭上体大部分都呈暗灰褐色，下体为灰白，白色的颈环分隔着黑绿色的头和栗色的胸部，翼镜紫色，尾羽白色，正中 4 枚黑色，其末端上曲如钩。雌鸭背面黑褐色并杂以浅棕红色的宽边；腹面暖棕红色，且散布褐色斑点，尾羽不卷曲。雌鸟褐色斑驳，有深色的贯眼纹。通常栖息于淡水湖畔，亦成群活动于江河、湖泊、水库、海湾和沿海滩涂盐场等水域。鸭脚趾间有蹼，但是很少潜水，游泳时尾露出水面，善于在水里面觅食、戏水和求偶交配。绿头鸭很喜欢干净，经常在水里面和陆地上梳理羽毛精心打扮，睡觉或休息时互相照看。它们以植物为主食，也吃无脊椎动物和甲壳动物。

◎分布地区

绿头鸭的分布地区很广，欧亚大陆和北美洲大部分地区、非洲北部，包括美国、加拿大、格陵兰、百慕大群岛、圣皮埃尔和密克隆群岛及墨西哥境内北美与中美洲之间的过渡地带。欧亚大陆以及非洲北部，其中包括整个欧洲、北回归线以北的非洲地区、阿拉伯半岛以及喜马拉雅山－横断山脉－岷山－秦岭－淮河以北的亚洲地区。

※ 绿头鸭

◎生活习性

绿头鸭通常情况下都生活在淡水湖畔，也成群活动在江河、湖泊、水库、海湾和沿海滩涂盐场的芦苇丛中。冬天的时候集群生活，活动大多选择在水边以及沼泽地区的野草丛间。主要漂浮在水面上，在水下面获得食物，它们的食物以植物为主食，有时也吃动物性食物。鸭脚趾间有蹼，但很少潜水，游泳时尾露出水面，善于在水中觅食、戏水和求偶交配。绿头鸭是杂食动物，主要食物是各种杂草种子、茎根，同时也会吃吃昆虫、软体动物和蠕虫等。

◎生长繁殖

绿头鸭常集群活动，营巢于水边的草丛中及树洞等地。初春至初夏进行繁殖。每窝产7～11枚卵，绿头鸭每年卵重48～58克，孵化期30天左右。初生雏鸭重约25～28克。幼鸭49天离巢，通常由雌鸭单独孵化，孵化后依然由雌鸭照顾，小鸭跟随雌鸭身后觅食。

▶知识窗

美国生物学家最新研究发现，绿头鸭具有控制大脑部分保持睡眠、部分保持清醒状态的习性。换句话说，绿头鸭在睡眠中可睁一只眼闭一只眼。这是迄今所发现的动物可对睡眠状态进行控制的首例证据。科学家们指出，绿头鸭等鸟类所具备的半睡半醒习性，可帮助它们在危险的环境中逃脱其他动物的捕食。

人们对成群栖息的绿头鸭进行的研究结果表明，处在鸭群最边上的绿头鸭，在睡眠过程中可使朝向鸭群外侧的一只眼睛保持睁开状态，这种状态的持续时间，也会随周围危险性的上升而增加。这一新发现对弄清人的各种睡眠失调可能会有所帮助。一些人在大白天总是觉得困，很可能与大脑一部分处于清醒状态，而另一部分仍保持在睡眠状态有关。

▌拓展思考▐

1. 绿头鸭是怎么得名的？
2. 绿头鸭以什么为食？

生活在湖泊湿地的动物

大雁

Da Yan

大雁属大型候鸟，又称野鹅，天鹅类，是我国的国家二级保护动物。大雁属鸟纲，鸭科，是一种形状略似家鹅的大型游禽。它们的嘴宽而厚，嘴甲比较宽阔，啮缘有较钝的栉状突起。雌雄羽色相似，多数呈淡灰褐色，有斑纹。大雁群居水边，往往千百成群，夜宿时，有雁在周围专司警戒，如果遇到袭击，就鸣叫报警。它们以嫩叶、细根、种子和农田谷物为主食。大雁每年春分在北方繁殖，秋分后飞往南方越冬。群雁飞行，排成"一"字或"人"字形，人们称之为"雁字"，因为行列整齐，人们称之为"雁阵"。大雁的飞行路线是笔直的。中国常见的有鸿雁、豆雁、白额雁等。雁队以6的倍数成形，由一些家庭或者各家庭的聚合体组成。大雁是充满热情的动物，它们会经常给同伴以鼓舞，用叫声鼓励飞行的同伴们。

一般雁属鸟类通常都会被称之为大雁，它们的共同特点是体形较大，

※ 大雁

嘴的长度和头部的长度几乎相等，上嘴的边缘有强大的齿突，嘴甲强大，占了上嘴端的全部。颈部较粗短，翅膀长而尖，尾羽一般为 16～18 枚。体羽大多为褐色、灰色或白色。全世界共有 9 种，这 9 种中我国就有 7 种，其中包括常见的鸿雁、豆雁、斑头雁、白额雁、和灰雁等，不过它们被人们统称为大雁。

大雁迁徙时通常都是几十只、数百只汇集在一起，互相紧接着列队而飞，古人把大雁这种行为称之为"雁阵"。它们的行动很有规律，"雁阵"由有经验的"头雁"带领，加速飞行时，队伍排成"人"字形，一旦减速，队伍又由"人"字形换成"一"字长蛇形，这是为了进行长途迁徙而采取的有效措施。一般飞在前面的"头雁"的翅膀会由于在空中划过而产生一股微弱的上升气流，可以减少后边大雁的空气阻力，排在后面的雁群就会依次利用这股气流的冲进节省体力。但"头雁"因为没有这股微弱的上升气流可资利用，很容易疲劳，所以在长途迁徙的过程中，雁群需要经常地变换队形，更换"头雁"。科学家通过大雁的这种领队的方式而受到启发，得出运动员在长跑比赛时，要紧随在领头队员后面的结论。

大雁的迁徙大多在黄昏或者夜晚进行，旅行的途中还要经常选择湖泊等较大的水域进行休息，寻觅鱼、虾和水草等食物，用来补充所消耗的体力。每一次迁徙都要经过大约 1～2 个月的时间，途中历尽千辛万苦。但它们春天北去，秋天南往，从不失信。不管在何处繁殖，何处过冬，总是非常准时地南来北往。我国古代有很多诗句赞美它们，例如陆游的"雨霁鸡栖早，风高雁阵斜"，韦应物的"万里人南去，三春雁北飞"等。

◎生活习性

大雁的迁徙习性使它们注定成为出色的空中旅行家。每当秋冬季节，它们就从老家西伯利亚一带，成群结队、浩浩荡荡地飞到我国的南方过冬。第二年春天，它们经过长途旅行，回到西伯利亚产蛋繁殖。大雁的飞行速度很快，每小时能飞 68～90 千米，它们会花上一两个月的时间，飞上几千千米的漫长旅途。

在长途旅行中，雁群的队伍组织严密而有纪律，它们常常排成人字形或一字形，它们一边飞着，还不断发出"嘎、嘎"的叫声。它们会以此为信号互相照顾、呼唤、起飞和停歇等。

其实，大雁排成整齐的人字形或一字形还有利于防御敌害，是一种集群本能的表现。雁群总是由有经验的老雁当"队长"，飞在队伍的前面。在飞行中，带队的大雁体力消耗得很厉害，因而它常与别的大雁交换位

置。幼鸟和体弱的鸟，大都插在队伍的中间。停歇在水边找食水草时，总由一只有经验的老雁担任哨兵。因为一旦有成员单飞、掉队就可能会被天敌吃掉。

▶ 知 识 窗

据分析，有些雁肉有低脂肪、低胆固醇、高蛋白的特性。我国古书《千金食治》、《本草纲目》等十多部药典中均对雁肉有详细记载：性味甘平，归经入肺、肾、肝，祛风寒，壮筋骨，益阳气。当然，我国的野生动物保护法，明令标指野生大雁是禁止捕食的。据了解，目前国内真正能飞又能吃的大雁只有向海大雁。大雁的羽绒保暖性好，一般比较硬的羽毛可用来加工成扇子、工艺品等，而轻软的羽毛可作我们日常的枕、垫、服装、被褥等填充材料。

┃ 拓展思考 ┃

1. 雁阵为什么要摆成一定的形状？
2. 雁阵一般由多少只大雁组成？

天鹅

Tian E

天鹅属雁形目中的鸭科中的一个属，它们是游禽中体形最大的种类，俗称为"天鹅"。由于天鹅极受欢迎，人们也常常会用它的名字命名一首歌曲或一场热带风暴。

白色天鹅，鸟纲，鸭科，体型高大大约为155厘米。嘴红，嘴基有大片黄色。黄色延至上喙侧缘成尖状。游水时颈较疣鼻天鹅为直。亚成体羽色较疣鼻天鹅更为单调，嘴色亦淡。比小天鹅大许多。虹膜是褐色；嘴是黑而基部为黄；脚是黑色。叫声：飞行时叫声独特，但联络叫声如响亮而忧郁的号角声。分布范围：格陵兰、北欧、亚洲北部，越冬在中欧、中亚及中国。繁殖一般是在北方湖泊的苇地，越冬时会结群南迁。数量比小天鹅少。它们飞行时较安静。

天鹅的外形特征属大型鸟类，最大的身长1.5米，体重约6千克左右。大天鹅又被叫做白天鹅或鹄，是一种大型游禽，体长约1.5米，体重可超过10千克。全身羽毛白色，嘴多为黑色，上嘴部至鼻孔部为黄色。它们的头颈很长，约占体长的一半，在游泳时脖子经常伸直，两翅贴伏。由于天鹅体态优雅，它们从古至今在诗歌故事中都是纯真与善良的化身。

天鹅体形优美，具颈长，体坚，脚大的特点，它们在水中滑行时神态庄重优雅，飞翔时长颈前伸，徐缓地扇动双翅。迁飞时在高空组成斜线或V字形队列前进。天鹅无论在水中或空中行动均比其他水禽的速度要快一些。天鹅以头钻入浅水中觅食水生植物。游泳或站立时，疣鼻天鹅和黑天鹅往往把一只脚放在背后。天鹅雌雄两性相似。能从气管发出不同的声音。有些种类的气管在胸骨内如同鹤类一样。甚至因很少鸣叫而被称为哑天鹅的疣鼻天鹅，也常会发出温柔的或尖锐的声音。

天鹅在繁殖期会比较分散外，平时它们也是喜欢过群居的生活。它们求偶时会以喙相碰或以头相靠，一旦双方都愿意就会结成终生配偶。一般产卵后会由雌天鹅孵卵，平均每窝产卵6枚，卵苍白色不具斑纹。雄性天鹅会在自己巢的附近警戒；有些种类雄性同样替换孵卵。天鹅夫妇终生厮守，对后代也十分负责。为了保卫自己的巢、卵和幼雏，敢与其他动物殊死搏斗，在击退敌手后，天鹅会像大雁那样发出胜利的欢叫声。天鹅的脖

子比较短，绒毛却很稠密；幼雏出壳几小时后就能奔跑和游泳，但是天鹅父母都还是会照料自己的宝宝数月；有些种类的幼雏可伏在母亲的背上。未成年的小天鹅在 2 岁之前羽毛是灰色或褐色，而且具有杂纹。一般天鹅会在三四岁时达到性成熟。它们在自然界中能活 20 多年，但是人工养殖的则可以活大概 50 年。

天鹅属有 7～8 种，其中北半球生活了 5 个种，均为白色，脚黑色，它们包括疣鼻天鹅、喇叭天鹅、大天鹅、比尤伊克氏天鹅、扬科夫斯基氏天鹅。疣鼻天鹅有橙色的喙，喙部有黑色疣状突，颈弯曲，翅向上隆起；喇叭天鹅鸣声高亢远扬，喙黑色。大天鹅

※ 天鹅

的指名亚种叫声粗杂，喙黑色，喙部黄色；比尤伊克氏天鹅体型较小，相对较安静；扬科夫斯基氏天鹅可能是比尤伊克氏天鹅的东方类型；小天鹅的指名亚种是啸天鹅，喙黑色，眼周有小黄斑。有些鸟类学家只将疣鼻天鹅放在天鹅属，其他 4 种归为别类。

其中鸣声高亢的喇叭天鹅曾一度有濒于灭绝的危险，后来在加拿大和美国西部的国家公园里，数量已得到迅速恢复，但 19 世纪 70 年代中期，其数量亦不过 2000 只左右。它是最大的天鹅，体长约 1.7 米，翅展 3 米，但体重较疣鼻天鹅轻。疣鼻天鹅体重可达 23 千克，是最重的能飞的鸟类。南半球有澳大利亚的黑天鹅和南美洲的两种淡红脚类型，黑颈天鹅不驯顺但美观，身体白色，头和颈都为黑色，喙上有明显红色肉垂；全白色的扁嘴天鹅是最小的天鹅。

我国的天鹅一般都在北部和西部进行繁殖，而越冬时会在华中及东南沿海。每年 9 月中旬南迁，常常 6～10 余只组成小群，排成"一"字或"V"字队行，一边飞行一边鸣叫。由于天鹅身体比较笨重，所以它们起飞时总会在水面或地面向前冲跑一段距离作为助跑。

◎生活习性

天鹅是一种喜欢群栖在湖泊和沼泽地带，并以水生植物为主食的冬候鸟。每年 3～4 月间，它们大群地从南方飞向北方，在我国北部边疆省份产卵繁殖。雌天鹅都是在每年的 5 月间产下二三枚卵，然后由雌鹅孵卵，雄鹅就会一刻也不离开地守卫在它们身旁。一过 10 月份，它们就会结队

南迁。在南方气候较温暖的地方越冬、养息。在我国雄伟的天山脚下，有一片幽静的湖泊——天鹅湖，每年夏秋两季，都可以见到这里有成千上万的天鹅，在蓝天碧水之间悠然自在的生活，好不惬意。

天鹅之所以被认为是纯洁的象征，还有一个原因就是它们是"一夫一妻制"。在南方越冬时不论是取食或休息都成双成对。雌天鹅在产卵时，雄天鹅在旁边守卫着，遇到敌害时，它拍打翅膀上前迎敌，勇敢地与对方搏斗。它们不仅在繁殖期彼此互相帮助，平时也是成双成对，就算其中一只死亡，另一只也不会背叛对方，而是孤老终生。

▶知识窗

天鹅舞赫哲语为"胡沙德克得依尼"，是赫哲族妇女跳的舞蹈。跳舞时人们模仿天鹅翩翩起舞。天鹅舞是一个表现天鹅优雅姿态的舞蹈，流传于伊敏乡一带。相传，古代失散的鄂温克军队曾由于看到天鹅的飞向，而找到了自己聚居的地方。另外，陈巴尔虎旗的鄂温克每个氏族都以一种鸟作为图腾标志，如天鹅、水鸭等。他们对自己氏族的图腾鸟非常虔诚，当图腾鸟从头上飞过时，人们要向空中洒些牛奶以表示敬仰。绝对禁止任何伤害图腾鸟的行为。这种对于图腾鸟的敬仰之情，使妇女们在劳动之余，常在草地上展开双臂模拟天鹅飞翔的姿态翩翩起舞。

游牧民族的民间舞蹈中，模拟马、鹰、熊、鹿、羊等的形象较多，而模仿天鹅的舞蹈却不常见，目前仅知哈萨克、鄂温克、赫哲等民族中仍有流传。天鹅舞的形成和原始信仰、地理环境以及民族历史都有一定的关系。天鹅是候鸟，冬天飞过长江到南方越冬，春天飞回北方，在新疆、黑龙江一些地区的湖边、沼泽地带栖息、繁殖。上述三个民族正是在此地区生活，使他们得以观察了解天鹅的习性，创作有关天鹅的文学艺术形象。这三个民族都有过天鹅的原始图腾崇拜，都信奉过萨满教，关于民族起源的传说、民间故事或历史记载中，都有关于天鹅的描述。通过这些记述，可以帮助我们分析天鹅舞的文化特点。

拓展思考

1. 天鹅喜欢栖息在哪里？
2. 天鹅分布地区你知道多少？

蜂 鸟

Feng Niao

蜂鸟是世界上已知的、最小型的鸟类，它们属于雨燕目、蜂鸟科。蜂鸟是约 600 种这类动物的统称。蜂鸟身体很小，能够通过快速拍打翅膀悬停在空中，每秒约 15～80 次，翅膀拍打的快慢取决于蜂鸟的大小。蜂鸟因拍打翅膀的嗡嗡声而得名。蜂鸟是世界上惟一可以向后倒着飞行的鸟，它们不仅可以倒飞，还可以向左和向右飞行，甚至在空中悬停。

蜂鸟飞行时的翅膀振动频率非常快，大约在每秒钟 50 次以上，当它们飞到四五千米的高空中，时速可达 50 千米，所以人们很难看到它们。最令人吃惊的是，蜂鸟的心跳每分钟达到 600 多次。另外，某些蜂鸟也比较喜欢常在一个地方栖息，所以它们也有迁徙的习惯。

紫耳蜂鸟和少数其他种类的蜂鸟同大多蜂鸟的生活方式不同：它们喜欢成对生活，而且会共同哺育自己的小蜂鸟宝宝。大多数种类的雄鸟都以猛飞猛冲的方式保卫占区（占区是它向过路雌鸟炫耀的场所）。雄鸟常在雌鸟前面盘旋，使阳光反射颈部色泽。占区的雄鸟追逐同种或不同种的蜂鸟，它们还会向大型鸟，比如乌鸦和鹰，甚至向人发出猛冲的攻击。多数蜂鸟，尤其较小的种类，它们不但会用嘴巴发出喊喊喳喳的叫声。还会在飞行中用尾羽发出嗡嗡、嘶嘶等各种声音。

蜂鸟拥有所有动物中最妍美的体态和最艳丽的色彩。蜂鸟这样一种大自然的瑰宝，连精雕细琢的工艺品也无法同它们媲美，蜂鸟还因自己是世界上最小的鸟，而得到另眼相看。小蜂鸟是大自然的杰作：轻盈、迅疾、敏捷，优雅、华丽的羽毛等等，这小小的宠儿应有尽有。它身上闪烁着绿宝石、红宝石、黄宝石般的光芒，在花朵之间穿梭忙碌的蜂鸟以花蜜为食，但它们却有能力不让地上的尘土玷污它们的衣裳。

让人类吃惊的是，最小的蜂鸟竟然比虾还小，它的体重

※ 蜂鸟

只有大约 2 克重，粗细还及不上熊蜂，大小和豌豆粒差不多的卵只重大约
0.2 克。它的喙像一根细针，舌头像一根纤细的线；它的眼睛像两个闪光
的黑点；蜂鸟翅上的羽毛非常轻薄，好像是透明的；它的双足又短又小，
不易为人察觉；它极少用足，停下来只是为了过夜；它飞翔起来持续不
断，而且速度很快，发出嗡嗡的响声。所以它在空中停留时，双翅的拍击
非常迅捷，所以不仅形状看起来不变，而且悬停在空中时，它们看上去毫
无动作，像飞机一样。所以如果有人见到它一动不动地在一朵花前停留，
却突然又飞箭一般朝另一朵花飞去时，并不用奇怪它们的举动。由于它们
的娇小却又敏捷的身躯，使得许多比它们大很多的鸟类都对它们无奈，有
人就见过一只愤怒的蜂鸟追着一只比它的体型大上十几倍的鸟类狂啄不
停。有时蜂鸟同类之间也会发生激烈的搏斗。

对于蜂鸟寿命的研究资料相对比较少，但是大部分专家认为蜂鸟的平
均寿命为 3～4 年。在人工饲养下，蜂鸟寿命可达 10 年，野外记录的蓝胸
蜂鸟的寿命仅有 7～8 年。

◎形态特征

一般蜂鸟的羽毛以蓝色或绿色为主，也有的羽毛为紫色、红色或黄
色。它们羽毛的颜色会自上而下的淡下去，有的雄鸟具有羽冠或修长的尾
羽。一般雌鸟的体羽比雄鸟的体羽暗淡。

◎生态环境

蜂鸟有着十分广阔的生活环境，它们的分布可以从高达 4000 米的安
第斯山地一直到亚马逊河的热带雨林，就算是在干旱的灌木丛林和潮湿的
沼泽地，也能见到蜂鸟的身影。

◎分布地域

从南加拿大和阿拉斯加到火地岛，包括西印度群岛在内的美洲都可以
见到蜂鸟的身影。在美国和加拿大的西部最常见的蜂鸟种类是黑颏北蜂
鸟，只有红喉北蜂鸟在北美洲东部繁衍，但是在北美洲东部也可以看到其
他种类的蜂鸟的个别成员，它们可能但是来自古巴或巴哈马群岛的鸟
类们。

在中国境内没有蜂鸟的分布，有关蜂鸟的传言，其实那些是某些取食
花蜜时被误认为是蜂鸟的大型天蛾，如蜂鸟鹰蛾。在北京师范大学生命科
学院的标本室里，有一个在 20 世纪初由一位美国传教士带到辅仁大学后

又传入师大的蜂鸟标本。尽管经过近百年的陈放，但从其羽毛的光彩可以看出，标本保存得很好。

◎新陈代谢

因为蜂鸟翅膀拍打极为快速，所以它们的新陈代谢也是相当快的。它们的心跳能达到每分钟500下。蜂鸟每天对食物的消耗量远远大于它们的体重，为了获取巨量的食物，它们每天必须采食数百朵花。有时候蜂鸟必须忍受好几个小时的饥饿。有时候为了适应这种情况，它们就不得不在夜里或不容易获取食物的时候刻意减慢新陈代谢的速度。它们会使自己进入一种就像冬眠一样的"蛰伏"期，在"蛰伏"期间它们会降低心跳速率和呼吸频率，以此减少对食物的消耗量，降低对食物的需求。

◎繁殖

蜂鸟的住巢，一般都是由雌鸟单独筑巢，雄鸟并不参与建筑巢穴。蜂鸟的巢是杯状的织物，通常悬挂在树枝上、洞穴里、岩石表面或大型的树叶上。蜂鸟的卵是白色的，一次产蛋非常小的两个，最小的蛋只有豆粒般大小，每枚重量仅0.5克。然后它们花上15～19天的时间去孵出它们的小宝宝。

◎飞行速度

蜂鸟有着惊人的飞行速度，一般情况下可以达到90千米的时速，甚至可以在俯冲的时候达到100千米的时速。

◎惊人的记忆力

长着米粒一样大脑的蜂鸟，却有着相当惊人的记忆力。曾有英国和加拿大的科研人员发现，蜂鸟不但能记住自己刚刚吃过的食物种类，甚至还能记住自己大约在什么时候吃的东西，所以蜂鸟可以随意地吃一些自己没有吃过的东西，以增加新鲜感。报道说，自然界中的蜂鸟都拥有自己的势力范围，因为它们不仅能清楚地记住自己曾光顾过哪些鲜花，甚至能判断出自己光顾那些花朵的大概时间，进而可以根据那些植物的分泌规律重新寻找它们的食物。这样，当蜂鸟再次出动的时候，就能做到不再去那些花蜜已经被自己采空的植物上浪费时间。以前人们认为只有人类才有判断的能力，现在才知道有的鸟类也可以有这种惊人的记忆力。

加拿大蜂鸟就是一种迁徙的蜂鸟，它们会在每年的冬天从寒冷的落基山脉飞到温暖的墨西哥地区越冬，它们等到了来年春天再次不远万里地返回落基山繁育后代。科学家因此推测，蜂鸟拥有惊人记忆力的原因是，由于自身个体太小，年复一年的长途跋涉又需要很长时间，它们不能将宝贵的时间花费在寻找食物上。

▶知识窗

由于蜂鸟的种类很多，全世界的蜂鸟大约有 310 多种，所以如果只是概括地说，蜂鸟是世界上最小的鸟，似乎不太准确。它们分布于从北美洲的阿拉斯加到南美洲的麦哲伦海峡，以及其间的众多岛屿上。但是不同种类的蜂鸟，体形也存在很大的差异，最大的巨蜂鸟体长达 21.5 厘米，如此看来就不能那么概括地说蜂鸟是世界上最小的鸟了。而产于古巴的吸蜜蜂鸟的体长只有 5.6 厘米，其中喙和尾部约占一半，体重仅 2 克左右，其大小和蜜蜂差不多，这样的蜂鸟才是世界上体形最小的鸟类，它的卵也是世界上最小的鸟卵，比一个句号大不了多少。蜂鸟的羽毛大多十分鲜艳，并且闪耀着金属光泽。由于蜂鸟可以倒退飞行，垂直起落，而且翅膀振动的频率很快，每秒钟可达 50～70 次，所以它们还被人类亲切地称为"神鸟""彗星""森林女神"等。

|拓展思考|

1. 蜂鸟是鸟类中什么之最？
2. 蜂鸟分布在哪些国家？

生活在湖泊湿地的动物

丹顶鹤

Dan Ding He

丹顶鹤自古以来一直都是长寿的象征，现在是我国一级保护动物。它们也叫做仙鹤、白鹤、其实白鹤是另一种鹤属鸟类。中国古籍文献中对丹顶鹤有许多种称谓，比如《尔雅翼》里面把丹顶鹤称之为"仙禽"，《本草纲目》中把它称为"胎禽"。丹顶鹤是鹤类中的一种，因头顶有"红肉冠"而得名。丹顶鹤是东亚地区所特有的鸟种，在当地文化中它们之所以有吉祥、忠贞、长寿的寓意，这主要是由于它们优雅的体态和分明的颜色。

◎外形特征

丹顶鹤有着嘴长、颈长、腿长的鹤类特征。它成鸟之后除了颈部和飞羽的后端是黑色以外，全身洁白，头顶的皮肤裸露在外，呈鲜红色。传说中的剧毒鹤顶红就是从这里得来的，但这纯属谣传，其实鹤血是没有毒的，古时候人们所说的"鹤顶红"其实是砒霜，也就是不纯的三氧化二砷，鹤顶红是古时候人们对砒霜的隐晦说法。丹顶鹤的幼鸟的羽毛是棕黄色的，喙是黄色。

◎分布

中国三江平原的松嫩平原、俄罗斯的远东和日本等地区都有丹顶鹤繁殖。它在中国东南沿海各地及长江下游、朝鲜海湾、日本等地越冬。历史上的丹顶鹤分布地区比现在的分布地区要大得多，越冬的时候迁徙地更加靠南，可至福建、台湾、海南等地。现代的人们之所以能有如此翔实的资料来研究丹顶鹤古代的分布情况，这是因为它们在各地文化中都有的特殊地位，让它们的分布、特性等在各地一直都有着详细的记载。

◎习性

丹顶鹤除了在日本北海道地区为留鸟，其他各地的丹顶鹤每年都会在繁殖地和越冬地之间进行迁徙。日本的丹顶鹤不进行迁徙，这可能是因为

冬天的时候当地人有组织的投喂食物，与食物来源充足有关。丹顶鹤的栖息地是沼泽和沼泽化的草甸，丹顶鹤的食物主要是浅水生活的鱼虾、软体动物和一些植物的根茎，因季节不同而有所变化。丹顶鹤成鸟为了适应季节的变化，每年都会彻底换两次羽毛，春季换成夏羽，秋季换成冬羽，换羽的期间它们会暂时失去飞行能力。丹顶鹤非常嘹

※ 丹顶鹤

亮的鸣声，既是明确领地的信号，同时也是发情期传情达意的重要方式。丹顶鹤属于单配制，一般情况下，它的一生也只有一个伴侣。

丹顶鹤是杂食性动物。一般春季以植物性食物如草子、芦苇的嫩芽及作物种子等为食，夏季食物较杂，动物性食物较多，主要动物性食物有小型鱼类、甲壳类、食蛙类、小型鼠类、螺类、昆虫及其幼虫等。

◎繁殖

丹顶鹤的繁殖期6月为一个高峰。它们在浅水处或有水湿地上营巢，巢材多是芦苇等禾本科植物。丹顶鹤每年产2～4枚卵，孵化期为30几天，由雌雄双方共同孵化它们的宝宝。繁殖期求偶伴随舞蹈、鸣叫，营巢于具一定水深的芦苇丛、草丛中。雏鸟也是早成鸟，它们2岁性成熟，它们的寿命与一个人的是寿命是差不多的，大约有60年左右。

丹顶鹤一般在4月中旬以后就开始营巢产卵，筑巢于周围环水的浅滩上的枯草丛中。待幼鸟学会飞行，进入秋天以后，丹顶鹤从东北繁殖地迁飞南方越冬。我国在丹顶鹤等鹤类的繁殖区和越冬区建立了扎龙、向海、盐城等一批自然保护区。一般到越冬期最多一年会有600多只丹顶鹤在江苏省盐城自然保护区，成为世界上现在已知的数量最多的越冬栖息地。丹顶鹤在1954年被北京动物园饲养展出，后来成功繁殖。

◎保护状况

丹顶鹤在湿地环境里面属于上层食物链，日本北海道的阿依努人把生活在钏路湿地的丹顶鹤称为"湿地之神"。目前它们面临的威胁主要有：栖息地的破坏。在中国东北和远东地区人类活动对湿地的破坏在1960年以后急剧加重，对湿地的围垦不仅侵占了丹顶鹤原有的栖息地，还阻断了

原本连通的水系，而且当地的气候日趋干旱，水域面积严重缩小。此外人类活动制造的污染也威胁着丹顶鹤的生存，如烧荒等开垦方法，对丹顶鹤的巢材和掩蔽处毁坏严重，致使其分布更为狭窄。偷猎：由于自古东亚地区对丹顶鹤就有着对其羽毛和器官的需求，猎杀就难以避免。虽然近些年随着保护法规的建立，直接猎杀丹顶鹤的事件很少发生，但是由于为了猎杀其他水禽而投毒的方法，也误杀了不少的丹顶鹤。

现今，丹顶鹤是国际自然保护联盟的红皮书中记载的濒危物种，同时它也被列入在濒危物种国际贸易公约附录的一种。

▶知 识 窗

　　1990 年，著名作曲家解承强将徐秀娟的感人故事谱写成了名为《一个真实的故事》（后改为《丹顶鹤的故事》）的独唱歌曲，经初出茅庐的歌手朱哲琴细腻凄美的演唱后引起了强烈的反响和震撼，由此荣获青歌赛的亚军，一夜成名唱红了大江南北，打动了无数听众。在江苏盐城国家珍禽自然保护区，广播里时常会听到这首动人心弦的叙事歌曲，抒情凄美地向人们诉说这一个"仙鹤姑娘"的真实故事。

|拓展思考|

1. 丹顶鹤对生活环境有哪些要求？
2. 丹顶鹤面临哪些生存威胁？

鸳 鸯

Yuan Yang

鸳鸯，属雁形目，鸭科。鸳指雄鸟，鸯指雌鸟，所以鸳鸯属于合成词。鸳鸯又叫做乌仁哈钦、官鸭、匹鸟、邓木鸟，小型游禽。在中国古代文学作品和神话传说中，鸳鸯是经常出现的鸟类。

◎外形特征

鸳鸯属于中型鸭类，全长为 40 厘米左右，体重大约 630 克。雄鸳鸯是最艳丽的一种鸭类。颈部具有由绿色、白色和栗色所构成的羽冠，胸腹部纯白色；背部浅褐色，肩部两侧有白纹 2 条；最内侧两枚三级飞羽扩大成扇形，竖立在背部两侧，非常醒目，雌性背部苍褐色，腹部纯白。雄鸳鸯覆羽与雌鸳鸯相似，胸部具有粉红色小点，眼为棕色，外围有黄白色的环，嘴呈红棕色。鸳鸯的脚和趾均呈红黄色，蹼膜呈黑色。

◎分布范围

大多数野生鸳鸯栖息在我国东北北部、内蒙古等地区繁殖；在东南各个省份以及福建、广东地区越冬；少数生活在台湾、云南、贵州等地是留鸟。福建省屏南县有一条 11 千米长的白岩溪，溪水深秀，两岸山林恬静，每年有上千只鸳鸯在此越冬，因此而得名鸳鸯溪。此条鸳鸯溪也是中国第一个鸳鸯自然

※ 鸳鸯

保护区。江西省上饶市婺源县的鸳鸯湖是亚洲乃至全世界最大的野生鸳鸯越冬的栖息地。在这里，国家二级保护动物有 6 种，鸳鸯因此而被称之为上饶市的市鸟。

◎生活习性

鸳鸯多栖息在内陆湖泊以及山麓江河里面，平时都是成对生活不会分

离。据传说，如配偶某一方不幸死亡，那么另一方就会从此独居。但据观察结果表明，该鸟并非如此，有些科普文章将其称为"爱情的骗子"。鸳鸯善于行走和游泳，飞行力也强。筑巢在多树的小溪边或沼泽地、高原上的树洞中。洞口距地面 10～15 米，洞内垫有木屑及亲鸟的成羽，产卵6～10 枚或更多，卵呈灰黄色或白色，圆形，无斑，重 45～52 克。在人工笼养环境中，雌鸟担任孵卵。雏鸟由成鸟守护。鸳鸯往往需要留巢 1 个月，2 个月后便开始学飞，但是他们仍然同亲鸟一起生活。

◎生长繁殖

雄鸳鸯拥有最鲜艳华丽的羽毛。在繁殖的期间，它们都是成对活动的。非繁殖期多成小群活动。每年 4～6 月在山区溪流、水潭附近的大树洞内产卵孵化。小鸳鸯出壳不久便能正常活动，跟随父母从树洞里跃入水中，游玩觅食。夏天在东北地区繁殖。到了冬天，它们就会在长江中下游地区越冬。在南方某些山区，鸳鸯也能终年留居，成为留鸟。民间流传着，鸳鸯是爱情的象征，其实不然。鸳鸯总是生活在一起，只是代表一种感受，离实际尚有差距。因此，鸳鸯并不是像流传的那样是终身相伴的代名词。

▶ 知 识 窗

鸳鸯在人们的心目中是永恒爱情的象征，是一夫一妻、相亲相爱、白头偕老的表率，甚至认为鸳鸯一旦结为配偶，便陪伴终生，即使一方不幸死亡，另一方也不再寻觅新的配偶，而是孤独凄凉地度过余生。所以人们常将鸳鸯的图案绣在各种各样的物品上送给自己喜欢的人，也此表达自己的爱意。鸳鸯是一种美丽的禽鸟，中国传统文化又赋予它很多美好的寓意，因此是文艺家们经常表现的对象。

|拓展思考|

1. 你知道多少以鸳鸯为主题的文化作品？
2. 你知道多少关于鸳鸯的传说？

啄木鸟

Zhuo Mu Niao

啄木鸟是众所周知的森林益鸟，它被称为森林医生。因为它们不仅可以消灭树皮下的害虫如天牛等幼虫以外，它们凿木留下的痕迹还可作为森林卫生采伐的指向标。

被称为"森林医生"的啄木鸟属于常见的留鸟，在我国分布较广的种类有绿啄木鸟和斑啄木鸟。它们觅食天牛、吉丁虫、蠹虫等害虫，每天能吃掉大约 1500 条害虫。由于啄木鸟食量大和活动范围广，一对啄木鸟在一个冬天之内就可以吃掉大约 13.3 公顷森林中的 90% 的吉丁虫和 80% 的天牛。

◎种类与分布

啄木鸟属于鸟纲鴷形目啄木鸟科，全世界范围内大约有 180 种啄木鸟。它们的嘴巴强且直可凿木；舌头长且能伸缩，先端列生短钩；它们的脚比较短且只有 4 个脚趾；尾呈平尾或楔状，尾羽大都为 12 枚，羽干坚硬富有弹性，在啄木时支撑身体。除大洋洲和南极洲外，均可见到。中国各地均有分布。人们最常见的啄木鸟种类是黑枕绿啄木鸟，体长约 30 厘米，除了雄鸟头上有红斑以外它们大都通体绿色。夏季常栖于山林间，冬季大多迁至平原近山的树丛间，随食物而漂泊不定。它们经常鸣叫，每次连叫 4～7 声，有的在一分钟内叫 5～6 次。攀树索虫为食，但也到地面觅食。啄木鸟吃昆虫大多是在春夏两季，秋冬两季还会吃植物。它们通常会在树洞里营巢。卵为纯白色。终年留居于挪威，有的向东经德国、俄罗斯到日本，南至阿尔卑斯山、巴尔干半岛、东南亚等地。中国除了内蒙古以外，其余各地均有分布。除了澳大利亚和新几亚以

※ 啄木鸟

外，啄木鸟几乎分布全世界，但南美洲和东南亚是它们的主要栖息地。大多数啄木鸟一般都会在一个地区定居。但是北美的黄腹吸汁啄木鸟和扑动鴷等一些温带地区的啄木鸟属迁徙性鸟类。

◎生活习性

啄木鸟以在树上凿洞和消灭昆虫而著称。大多数啄木鸟会以螺旋式地攀缘在树干上搜寻昆虫，并且以此方式在树林中度过终生，只有少数啄木鸟在横枝上栖息，例如在地上觅食的雀形目红头啄木鸟。啄木鸟多数是以昆虫为食，但有些种类喜欢吃水果和浆果，吸汁啄木鸟一般在特定季节吸食某些树的汁液。春天的时候经常会听见啄木鸟响亮的叫声，那是雄性啄木鸟占领地盘的表示，加以常常啄击空树，或偶尔敲击金属而使声响扩大。在除春天以外的其他季节中，啄木鸟则通常是比较安静的，几乎没有见过啄木鸟群居在一起，一般都是独栖或成双活动。

啄木鸟的形体大小因它们的种类不同会有很大的差别，从十几厘米到40多厘米不等。比如说小的有长约十几厘米的绒啄木鸟，大的也有长约40几厘米的北美黑啄木鸟。啄木鸟能够在树干和树枝间以惊人的速度敏捷地跳跃。啄木鸟之所以能够牢牢地站立在垂直的树干上，与它们足的结构有关。啄木鸟的四个脚趾中，朝前的有两个足趾，朝后的有一个，而另一个朝向一侧，这样就构成了一个牢固的三角形，它们的趾尖有锋利的爪子。啄木鸟的尾部羽毛坚硬，可以支在树干上，为身体提供额外的支撑。它们通常用喙飞快地在树干上敲击，从而寻找隐藏在树皮内的昆虫，一旦确定虫的位置之后，它们坚硬的喙就会飞速地在树上凿出一个小洞并急速地用它们长长的舌头捕捉昆虫。

橡子啄木鸟主要栖息在北美洲西北部到哥伦比亚地区的范围内，它们的体长约为20厘米。与橡子啄木鸟体长相似的红头啄木鸟，体长大约在19～23厘米。红头啄木鸟分布的区域比较广，在开阔的林地、农场和果园都可看见。红背啄木鸟产于印度到菲律宾群岛的森林地带。绿啄木鸟产于欧洲气候温暖的地区以及非洲大陆。红腹啄木鸟产于美国东南部的落叶林带。白嘴啄木鸟既是帝啄木鸟，是已知啄木鸟中体型最大的一种。它们产于墨西哥北部。它们的羽毛主要为黑色，翅膀和颈部有白色的斑点。成鸟体长可达60厘米的雄鸟喙为白色，有红色的羽冠。帝啄木鸟和特里斯丹啄木鸟都属于濒危动物。属于我国国家二级保护动物的白腹黑啄木鸟主要分布在四川、云南、福建等地。

雄啄木鸟在向心仪的雌啄木鸟求爱时，就会迫不及待地用自己坚硬有力的嘴在空心树干上有节奏地敲打，发出像是拍发电报一样清脆的"笃笃"声，以此向雌啄木鸟倾诉爱的心声。

◎森林医生啄木鸟

潜藏在树木中很深的害虫，会把树活生生地咬死。只有啄木鸟才能把它从树干中掏出来除掉。因为啄木鸟主要吃食的是像天牛幼虫、囊虫的幼虫、象甲、伪步甲、金龟甲、螟蛾、蝽象、蟓虫卵、蚂蚁等这样的昆虫，而这些里面大部分都是害虫，对防止森林虫害，发展林业很有益处，所以大家都叫它们是"森林的医生"。绿啄木鸟和斑啄木鸟是在我国分布比较广泛的啄木鸟种类。

◎啄木鸟的舌头

为什么啄木鸟细长且富有弹性的舌头会长在鼻孔里呢？原来它们的舌根是一条弹性结缔组织，它从下腭穿出，向上绕过后脑壳，在脑顶前部进入右鼻孔固定，只留左鼻孔呼吸，啄木鸟之所以能把舌伸出喙外达 12 厘米。就是因为有这种弹簧刀式的装置，再加上它们的舌尖生有短钩，舌面具黏液，所以啄木鸟把舌能探入洞内钩捕各类树干害虫。

知识窗

早在上个世纪 70 年代末，美国加利福尼亚的科学家们训练过一只啄木鸟，并用 2000 每秒帧的高速摄像机摄像记录了它的飞行状况。其结果是，啄木鸟头部最大速度达到 7 米/秒，在击中树木后在短短 0.5 毫秒时间减速到零，其向前运动的时间是每次 8~25 毫秒。减速时承受的加速度达到 1500 克，也就是说，在这短短 0.5 毫秒中承受 1500 倍重力加速度。啄木鸟到底又有什么特殊的功能或装置来保证自己的头部不受损伤呢？原来，啄木鸟有着十分坚固的头骨，不仅它们的大脑周围长有一层对外力能起缓冲和消震作用的绵状骨骼，内含液体，而且它们的脑壳周围还长满了具有减震作用的肌肉，能把喙尖和头部始终保持在一条直线上，使其在啄木时头部严格地进行直线运动。假如啄木鸟在啄木时头稍微一歪，这个旋转动作加上啄木的冲击力，就会把它的脑子震坏。而且尽管它们每天啄木多达 102 万次，还能常年承受得起那么强大的震动力，就是因为它们的喙尖和头部始终保持在一条直线上。

拓展思考

1. 一只啄木鸟一天大约吃多少害虫？
2. 啄木鸟为什么不会得脑震荡？

湖泊湿地鱼类

第二章

HUPOSHIDIYULEI

　　湖泊湿地，水温适中，光照条件好，水生生物资源丰富，为鱼类提供丰富的饵料，因此鱼类种类多，经济价值高。鱼类是湿地脊椎动物中种类最多、数量最大的生物类群，也是最重要的湿地野生动物资源之一。

草 鱼
Cao Yu

※ 草鱼

草鱼属鲤形目鲤科雅罗鱼亚科草鱼属。草鱼又叫做鲩、油鲩、草鲩、白鲩、草鱼、草根（东北）、混子、黑青鱼等。草鱼体侧扁且延长，吻短而圆钝，口大，无须，草鱼具 2 排梳状咽头齿。鱼体背部青褐色而略带黄色，腹部乳白，鳞片大且具黑缘；胸鳍与腹鳍略带黄色，尾鳍浅叉形，背鳍硬棘 3 枚；背鳍软条 7～8 枚；臀鳍硬棘 3 枚；臀鳍软条 7～11 枚，体长可达 1.5 米。

◎分布地区

生活在平原地区的江河湖泊，性活泼，游泳速度快，通常情况下成群结队地觅食。为典型的草食性鱼类。在干流或者湖泊的深水处越冬。草鱼原产自中国，各大江河水系至俄罗斯西伯利亚东部均有分布，已经广泛引进世界各地，并对某些地区造成生态冲击。生殖季节亲鱼有溯游习性，已移至亚、欧、美、非各洲的许多国家。

◎生活习性

因为草鱼生长迅速，饲料来源广的特点，所以是中国淡水养殖的四大家鱼之一。草食性，喜群游于水草丛生之处觅食，它们的食物主要以水草、浮萍、芦苇等为主，3 至 4 岁成熟，成长速度快。具有河湖洄游的习性，性成熟个体在江河流水中产卵，产卵后的亲鱼和幼鱼就会进入支流和通江湖泊里面，通常情况下在被水淹没的浅滩草地和泛水区域以及干支流附属水体（湖泊、小河、港道等水草丛生地带）摄食育肥。草鱼在育苗阶段摄食浮游动物，幼鱼期兼食昆虫、蚯蚓、藻类和浮萍等，体长大约可以达到 10 厘米以上时，完全摄食水生高等植物，这里面尤

其以禾本科植物为多。草鱼摄食的植物种类随着生活环境里食物基础的状况而有所变化。

◎生长繁殖

草鱼在自然条件下繁殖时，不能在静水中产卵。产卵的地点一般要选择在江河干流的河流汇合处、河曲一侧的深槽水域、两岸突然紧缩的江段为适宜的产卵场所。生殖季节和鲢相近，较青鱼和鳙稍早。生殖期是每年的4月～6月，通常集中在5月间。一般江水上涨来得很早而且涨势猛，水温又能稳定在18℃左右时，草鱼产卵即具规模。草鱼的生殖习性和其他家鱼相似，达到成熟年龄的草鱼卵巢，在12月～2月以Ⅲ期发育期阶段越冬；在3～4月份水温上升到15℃左右，卵巢中的Ⅲ期卵母细胞很快发育到Ⅳ期，并开始生殖洄游，在溯游过程中完成由Ⅳ期到Ⅴ期的发育，在它溯游的行程中如遇到适宜于产卵的水文条件刺激时，即行产卵。通常产卵是在水层中进行，鱼体不浮露水面，习称"闷产"，但是在有良好的生殖生态条件的时候，如果水位陡涨并伴有雷暴雨，这时雌、雄鱼在水的上层追逐，出现仰腹颤抖的"浮排"现象。卵受精后，因卵膜吸水膨胀，卵径可达5毫米上下，顺水漂流，在20℃左右发育最佳，通常在30～40小时就会孵出鱼苗。

▶知 识 窗

草鱼肉性味甘、温、无毒，有暖胃和中之功效，广东民间用以与油条、蛋、胡椒粉同蒸，可益眼明目。其胆性味苦、寒，有毒。动物实验表明，草鱼胆有明显降压作用，有祛痰及轻度镇咳作用。江西民间用胆汁治暴聋和水火烫伤。胆虽可治病，但胆汁有毒，常有因吞服过量草鱼胆引起中毒事例发生。中毒过程主要为毒素作用于消化系、泌尿系，短期内引起胃肠症状，肝、肾功能衰竭，常合并发生心血管与神经系病变，引起脑水肿、中毒性休克，甚至死亡，对吞服草鱼胆中毒者尚无特效疗法，故不宜将草鱼胆用来治病，如必须应用，亦需慎重。

|拓展思考|

1. 草鱼大多生活在哪里？
2. 草鱼的特点有哪些？

鲚鱼

Ji Yu

鲚鱼属于鲱形目鳀科，是一些小型的鱼类。鲚鱼常成群栖息在近海，也有一些居住在淡水或者洄游到淡水中生殖的。鲚鱼的体长，侧扁，后段更甚，背部平直，腹缘稍隆凸。体长大约为15～30余厘米。头小，吻短，顶端略圆钝，向前突出。口大，下位，口裂倾斜，上颌后端游离，向后延达胸鳍的基部，上下颌、口

※ 鲚鱼

盖骨、锄骨上具有细齿。全体被薄而透明的圆鳞，无侧线；体侧纵列鳞74～84，横列鳞11。腹部有棱鳞，腹鳍前方为16～22，腹鳍后方为29～36。背鳍11～13，起点距吻端较近。胸鳍前6根鳍条延长，游离成丝状，末端可达臀鳍起点，它的长度超过体长的一半。腹鳍和尾鳍都很小，尾鳍下方与臀鳍后端相连。体背和头部稍稍带有灰幂色，侧面和腹部银白色。成鱼多生活于海中，每年春季则成群由海入江，沿江而上作产卵洄游。食物主要为浮游动物及小鱼等。鲚鱼分布在长江流域中下游以及其附属的湖泊中。

凤鲚体形同鲚相似，但是臀鳍的条数目比较少，仅仅有73～86根；体侧的纵列鳞也较少。体呈淡黄色。它的吻端和各鳍条均呈黄色，鳍边缘黑色。凤鲚属于河口性洄游鱼类，通常情况下栖息于浅海。每年春季，大量鱼类从海中洄游至江河口半咸淡水区域产卵，但是绝对不上溯进入纯淡水区域。刚孵化不久的仔鱼就在江河口的深水处肥育，以后再回到海里面，翌年达性成熟。雌鱼大于雄鱼，雌鱼体长12～16厘米、重10～20克，雄鱼体长仅13厘米、重12克左右。一般是4月下旬（谷雨前后）亲鱼开始由海中来到江河口，但是数量不多；5月上旬（立夏）至7月上旬

（小暑）则大批到来，这个时候就是凤鲚渔汛的旺季；7 月下旬产过卵的亲鱼又陆续回到海中生活。凤鲚在洄游到江河口产卵期间很少摄食。其食物为虾、桡足类和幼鱼。凤鲚是长江、珠江、闽江等江河口的主要经济鱼类，鱼汛季节产量很高，仅长江口年产量便达 400～450 万千克，渔获物中雄鱼往往多于雌鱼。湖泊中所捕到的鲚属鱼类，渔民通称为"梅鲚"或"毛刀鱼"。太湖的梅鲚产量约占鱼产量的 60％左右，巢湖高达 70％，鄱阳湖和洞庭湖约占 10％~20％。它们的食用价值远不如江河中所捕得的刀鲚。因为刀鲚在溯河洄游时体内含脂高，味鲜美，而梅鲚形体小肉薄，含脂量低，但产量较高。

▶ 知 识 窗

　　鲚鱼以无脊椎动物为主食，如虾和其他水生生物，在中上层水域集群活动觅食。春夏之际，从海滨集群溯河而上，在河流上游或大、小河交界处产卵。秋天又返回海中。有的鲚鱼因某种原因无法返回海洋，便因此演变为较小品种，如无锡太湖中的梅鲚鱼。长江里的刀鲚个体大，最大者可超过 300 克，肥嫩鲜美，与鱼、鲥鱼并称为"长江三鲜"。清明前，刀鲚由海入江时，最为鲜嫩肥壮，则横刺尚未形成，最易钓取。清明之后，刀鲚已完成繁殖，再次入海时，食欲旺盛，虽好钓取，但刺硬肉粗，已乏美味。

| 拓展思考 |

1. 鲚鱼吃什么？
2. 鲚鱼生活在哪里？

银 鱼

Yin Yu

银鱼又被称为冰鱼、玻璃鱼，属银鱼科，淡水鱼，体长略圆，细嫩透明，色泽如银，肉质细嫩，生活周期短、世代离散、生殖力和定居能力强。

银鱼，体型细长，近圆筒形，后段略侧扁，体长大约为 12 厘米。头部极扁平，眼大，口亦大，吻长而尖，呈三角形。上下颌等长；前上颌骨、上颌骨、下颌骨和口盖上都生有一排细齿，下颌骨前部具犬齿 1 对。下颌前端没有联合前骨，但具一肉质突起。背鳍 11～13，略在体后 3/4 处。胸鳍 8～9，肌肉基不显著。臀鳍 23～28，与背鳍相对；雄鱼臀鳍基部两侧都有一行大鳞，一般大约为 18～21 个。背鳍和尾鳍中央有一透明小脂鳍。体柔软无鳞，全身透明，死后体呈乳白色。体侧各有一排黑点，

※ 银鱼

腹面自胸部起经腹部至臀鳍前有两行平行的小黑点，沿臀鳍基左右分开，后端合而为一，直达尾基。除此之外，在尾鳍、胸鳍第一鳍条上也分布着一些小黑点。主要分布在中国东部近海和各大水系的河口，是重要的经济鱼类。银鱼属于鲑形目银鱼科。

◎分布地区

中国是世界上银鱼的起源地也是银鱼的主要分布区，在中国东部近海和各大水系的河口共分布有世界17种银鱼中的15种，在这15种里面我国特有的就有6种。银鱼营养价值和经济价值均很高，是重要的经济鱼类。能够生活在近海的淡水鱼，具有海洋至江河洄游的习性。分布在山东至浙江沿海地区，尤以鄱阳湖，长江口崇明等地为多。中国的太湖盛产银鱼。少数种类分布到朝鲜、日本及俄罗斯远东库页岛地区。北方各渔业部门加大对银鱼的重视，采取措施从太湖引进银鱼。我国北方河北各大水库均有，其中邯郸磁县岳城水库有优质银鱼。银鱼离开水就会死亡，死后体洁自如银，因而得名。寿命只有一年左右，今年生下的个体，明年即长成而生殖。亲鱼在生殖后自然死亡。捕捞银鱼的汛期集中，一般是5月中下旬到6月底之间。银鱼个体虽小，但其味鲜而不腻，是餐桌上的佳品。长江中、下游各大、中型湖泊均产，但以太湖所产名闻遐迩，称为上品。

◎银鱼传说

很久很久以前，水晶宫龙王身边有一对童男童女，童男叫做银果，童女叫做银花。一日，龙王派他们俩到人间查看生物生长情况。到人间以后，他们看到人们过着美满幸福的生活，十分羡慕。从此以后，他俩的感情日益深厚，于是结为夫妻，过着男耕女织，相敬相爱的自由生活，再也不愿意返回水晶宫了。

没过多久，龙王知道了这件事，认为银果、银花违犯了令条，罪不容赦，便派水兵水将，将他们捉拿回宫问罪，并传旨将银果、银花打出水晶宫，永为全身透明的小鱼。从此以后，银果，银花只能在浅水处游动。他们感情深厚，银花在人间有身孕了，肚子日渐大起来，游动也很缓慢。银果随着银花总不远游，并为银花寻找食物。不料这又被龙王知道了，龙王顿时大怒，即刻传旨，不许出生。银果、银花一听，悲痛万分，泪眼相望。

银果悲痛地说："这不是让我们断子绝孙吗？"银花接着说："我们已是夫妻，怎能没有儿女，我决意破肚而死。这样能保全后代繁衍下去。"

说罢，银花便游向碎石，破腹产卵而死。银果一见银花死去，他安置好卵子，也很快死去了。这是一段神话故事，不足为信。但银鱼的生命只有一年，确为事实。渔民们捕获的银鱼，不管是大鱼还是小鱼，一定都是当年的鱼。

▶知识窗

银鱼营养丰富，肉质细腻，洁白鲜嫩，无鳞无刺，无骨无肠，无腥，太湖银鱼含多种营养成分。冰鲜银鱼大部分出口，远销海外，人称"鱼参"。经过曝晒制成的银鱼干，色、香、味，形经久不变。银鱼可烹制成各种名菜佳肴，如银鱼炒蛋、干炸银鱼、银鱼煮汤、银鱼丸银鱼春卷、银鱼馄饨等，都是别具风味的湖鲜美食。

春秋战国时期，太湖就盛产银鱼。清康熙年间，银鱼被列为贡品，与梅鲚、白虾并称为太湖三宝。银鱼形似玉簪，色如象牙，软骨无鳞，肉质细嫩，味道鲜美，营养丰富，含有蛋白质、脂肪、铁、核黄素、钙、磷等多种成分。日本人称其为"鱼参"。银鱼可炒、可炸、可蒸、可做汤。银鱼炒蛋、银鱼氽汤、银鱼丸子、芙蓉银鱼等都是苏式菜肴中的名菜。太湖银鱼，历史悠久，据《太湖备考》记载，吴越春秋时，太湖盛世产银鱼。宋人有"春后银鱼霜下鲈"的名句，将银鱼与鲈鱼并列为鱼中珍品。

拓展思考

1. 银鱼是怎么得名的？
2. 银鱼分布在哪里？

鳜 鱼

Gui Yu

鳜鱼属于分类学里面的脂科鱼类。它是我国"四大淡水名鱼"中的一种。体肥肉厚，高而侧扁，口大，端位，口裂略倾斜，上颌骨一直延伸到眼睛后缘，下颌稍突出，上、下颌前部的小齿扩大成犬齿状，眼上侧位，前鳃盖骨后缘有 4～5 枚棘，鳃盖骨后部有 2 个平扁的棘，圆鳞细小，背鳍长，前部为棘，后部为分枝软条，身体呈黄绿色，腹部

※ 鳜鱼

为黄白色，体两侧有大小不规则的褐色条纹和斑块。鳜鱼的肉质细嫩，刺很少而且肉多，其肉呈瓣状，味道鲜美，一直都是鱼中之佳品。唐朝诗人张志和曾经写下过著名诗句"西塞山前白鹭飞，桃花流水鳜鱼肥"，赞美的就是这种鱼。它捕食的方式不像鳡鱼那样游弋追捕，而是突然袭击。它通常会把自己隐藏在水草丛中，见有别的鱼游过时，就突然游上去吞食。鳜鱼体色棕黄或淡黄，加上暗棕色的纵纹和不规则的斑块、斑点，这种斑斓的体色和水生植物的色彩很相近，所以能隐蔽其身而不为捕食的对象发现。鳜鱼是大型鱼，大的个体可达 15 千克，分布很广泛，产量高，是中国人民喜食的名贵鱼。

◎生活习性

一般情况下鳜鱼都是独居生活，这也是所有食肉鱼的共性。鳜鱼对水的温度有着较强的适应性，在中国南北方的水系里都有分布。鳜鱼普遍分布在江河、湖泊、水库里面，喜欢栖息于清洁、透明度较好、有微流水的环境中。常钻入洞穴石缝中或草丛内，喜欢在夜里出来觅食，冬季潜入深水处。鳜鱼为典型的肉食性鱼类，喜欢吃活饵料，常吞食超过自身长度的鲢鱼、草鱼、青鱼、团头鲂、鳊、细鳞斜颌鲴等活鱼苗。鳜鱼生活在水清

的江河湖泊中的近底层，鳜鱼非常喜欢藏身于水底石块之后，或者繁茂的草丛之中。秋冬水温低的季节，则潜身于深水处越冬，等到春天水温回升后，逐渐游到食物丰富的靠近岸水草丛中寻觅食物。鳜鱼以夜间活动为主，白天一般情况下都会藏卧在石缝、树根、底坑中，活动较少。鳜鱼吃食时十分仔细，吞下鱼、虾以后，会吐出鱼刺和虾壳，只把肉留在腹中。这种独特的特点，在其他食肉鱼类中是不多见的。在生长的不同阶段，其摄食对象有所不同。全长 15 厘米以下的鳜鱼喜食虾类及小型的鱼等，25厘米以上则喜食较大型鱼类鳊、鲤等，也喜欢吃扁而细长的餐条鱼。

◎生长繁殖

鳜鱼的繁殖期一般在 5 月中旬至 7 月上旬。雌鱼两年可以达到性成熟，雄鱼一年就可以达到性成熟。成熟的亲鱼在江河、湖泊、水库中都可自然繁殖，一般在下雨天或微流水环境中产卵，受精卵随水漂流孵化。

知识窗

苏州不仅以古老的园林著称，而且还有许多脍炙人口的传统佳肴，松鹤楼的鳜鱼就是其中之一。鳜鱼的扬名还得从乾隆皇帝大闹松鹤楼说起。

乾隆一下江南时，有一天微服私访来到苏州。时值阳春三月，桃红柳绿，鸟语花香，人们纷纷到郊外踏青。城里城外，游人如织。乾隆随民众一道观赏了几处春景后，又累又饿，看见观前街上的松鹤楼饭馆，便踱进门去。恰好这天松鹤楼的老板给他母亲做寿，里里外外正忙个不停。乾隆坐下许久，方见一个伙计过来。这位伙计见他身着布衣布鞋，鞋面上还沾了不少泥土，以为是乡里的农民，便懒洋洋地问道："客官，吃点什么？"乾隆大咧咧地吩咐："只管拣那好吃的拿来。"伙计心想，瞧你那副打扮，还想吃好的，你给得起钱吗？心里这样想，手里便拣那最便宜的破菜送上去。乾隆一见菜清汤寡水，少盐无味，便问："贵店没有再好一点的菜吗？"伙计不耐烦了，说："没有。"这时，乾隆忽见一个伙计手拿一大盘喷香鲜艳的鳜鱼从厨房里出来。乾隆手指鳜鱼，要那伙计端过来。那伙计傲慢地说："鳜鱼，你吃得起吗？"乾隆听后一时性起，随手将那碗菜汤朝伙计脸上扔过去。

随着"哗啦"一声响，门外又进来一位平常打扮的长者。他扶乾隆坐下，小声嘀咕了几句。响声惊动了店主。他急急忙忙来到桌边赔礼。这时那位长者从怀里掏出两锭银子，要店主迅速送上酒好菜来。店主看这两人虽然衣着平常，但气度不凡，出手也慷慨，料定小觑不得。于是，赶快将精心为他母亲做寿烹制的鳜鱼、锅巴菜、巴肺汤等菜肴端来，摆了满满一桌，并不断给乾隆赔不是。乾隆见那鳜鱼昂头翘尾、色泽鲜红光亮，入口鲜嫩酥香，并且微带甜酸，觉得昔日皇宫里也没这儿做得好吃，于是连声夸好。

正在这时，不知苏州知府从哪儿听到消息，带着一队人马屏声静气地恭候在松鹤楼门口，准备迎驾归府。店里人这才知道是乾隆皇帝，真是又惊又怕。好在乾隆吃得很满意，早息了刚才火气，临走时还向店主人打听这鳜鱼的做法，并赏了店主一些银子。店主高兴异常，从此便打出了"乾隆首创，苏菜独步"的牌子。后来乾隆第二次、第三次下江南时，总是光顾松鹤楼，并点名要吃鳜鱼。松鹤楼的鳜鱼从此就作为传统名菜流传至今。

| 拓展思考 |

1. 鳜鱼吃什么？
2. 谁写下了关于鳜鱼的诗句？

黑鱼

Hei Yu

乌鳢的俗称是黑鱼，这里所讲的黑鱼就是乌鳢，它生性凶猛，繁殖力强，胃口奇大，经常能够吃掉某个湖泊或池塘里的其他所有鱼类，它甚至不会放过自己的幼鱼。早在 2000 年前就被《神农本草经》与石蜜、蜂子、蜜蜡（蜂胶）、牡蛎、龟甲、桑螵蛸、海蛤、文蛤、鲤鱼等列为虫鱼中的上品。黑鱼还能在陆地上滑行，迁移到其他水域寻找

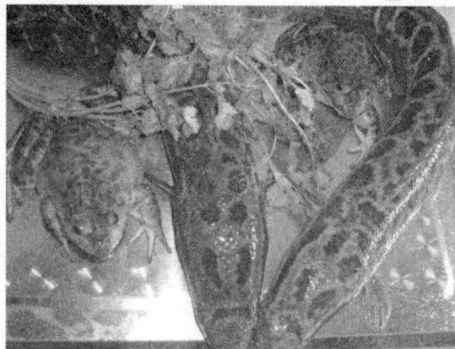

※ 黑鱼

食物，可以离水生活 3 天之久，是中国人的"盘中佳肴"。黑鱼体圆长，口大牙利，生性凶猛，有着一身黝黑形似蛇皮的图案，身上有黑白相间的花纹，一对突出、发光的小眼，由于各地水色不同，使黑鱼体色稍有差异。黑鱼身体前部呈圆筒形，后部侧扁。头长，前部略平扁，后部稍隆起。吻短圆钝，口大，端位，口裂稍斜，并伸向眼后下缘，下颌稍突出。牙细小，带状排列于上下颌，下颌两侧齿坚利。眼小，上侧位，居于头的前半部，距吻端颇近。鼻孔两对，前鼻孔位于吻端呈管状，后鼻孔位于眼前上方，为一小圆孔。鳃裂大，左右鳃膜愈合，不与颊部相连鳃耙粗短，排列稀疏，鳃腔上方左右各具一有辅助功能的鳃上器。

◎生活习性

黑鱼属于肉食性的鱼类，小黑鱼靠水中的浮游动物生活，它们稍大一点就开始吃小鱼、小虾。大黑鱼以食其他鱼类和青蛙为主，有时还食小黑鱼。黑鱼喜栖于水草茂密的泥底或在水面晒太阳，有的黑鱼还经常藏在树根石缝中来偷袭其他鱼。黑鱼味道鲜美，非常有营养，吃黑鱼还有给伤口消炎的作用。黑鱼为营底栖生活的鱼类，栖息环境非常广泛。所以说，凡蛙、泥鳅、鲫以及各种水生的昆虫群栖的场所都是黑鱼喜欢栖息的地方。

黑鱼大多潜伏在水深 1 米的浅水处。黑鱼的生存温度为 0℃～41℃，最适温 16℃～30℃，春季水温回升到 8℃以上时，黑鱼开始活动，由深水处游至浅水区觅食。水温 20℃以上时生长较快。夏季天闷热降雨时，往往会跃出水外匍匐于岸边的湿地上。秋季当水温降到 12℃时，停止摄食；降到 6℃下，转到深水处活动。冬季水温过低时，埋于淤泥中越冬，只要冰下有水就能完全越冬。黑鱼能耐低氧。在浑浊缺氧的水体中亦能生存。当水中缺氧时，鱼体可将头露出水面，借鳃上器官，直接吸收空气中的氧气，进行气体交换。pH 值：黑鱼一般均能在酸性和碱性的水域中生活。黑鱼善跃：其跳跃能力很强，跳的也较高。在有流水冲击和降雨时更易刺激黑鱼跳跃而逃跑，并常随水流逆行而上。黑鱼为凶猛肉食性鱼类。主要以小型鱼类、虾类、蛙与蝌蚪、水生昆虫及其他水生动物为食。随鱼体大小、季节和水体环境的不同，所摄取食物的具体种类有所不同。但无论如何，不会改变其肉食性营养类型的性质。

◎生长繁殖

黑鱼在产卵的季节会因为各地气候条件不同而异，在华南地区为 4 月中旬至 9 月中旬，5～6 月最盛；中地区为 5～7 月，以 6 月较为集中，繁殖水温为 18℃～30℃，最适水温为 20℃～25℃。当年孵化的鱼种一般长约 150 毫米，体重 50 克左右。不同年龄与不同大小的个体及不同水体的黑鱼其怀卵量不同。黑鱼性成熟年龄，在不同的地区也略有差异。在华南地区通常体长为 20 厘米以上的一冬令鱼性腺已成熟，而长江流域一带则需要二冬令和体长 30 厘米左右才能产卵。乌鳢能在池塘、河沟及水库等水域内自然繁殖，产卵场一般分布在水草茂盛的浅水区。二龄鱼体长加速生长阶段，生长旺盛。二龄后，呈现随年龄增长而递减趋势。水温在 20℃～25℃时，生长较快。怀卵量：一般个体怀卵量为 1～3 万粒，最大者 5～6 万粒。怀卵量、产卵量与亲体个体大小有关。乌鳢的怀卵量通常每公斤体重约为 2～3 万粒，0.5 千克重斑鳢产卵量一般为 0.8～1 万粒，个别可达 1.1～1.2 万粒。产卵方式是营造巢类型，产卵前，性成熟的雌雄亲鱼成对地游动在产卵场地，共同用口御取水草、植物碎片及吐泡沫营筑略呈环形、直径约 0.5～1 米、漂浮于水面的鱼巢，巢筑成后，风平浪静的早晨，在日出以前，雌、雄鱼相互追逐、发情，然后雌鱼在鱼巢之下接近水面处，腹部向上呈仰卧状态，身体缓缓摇动而产卵于巢上，与此同时，雄鱼以同样姿态射精于此。鱼会分为许多次产卵。产卵以后，亲鱼会守在巢底，保护鱼卵，以免小鱼受到侵害。

　　黑鱼也叫孝鱼，这是因为鱼妈妈每次生鱼宝宝的时候，都会失明一段时间，这段时间，鱼妈妈不能觅食，不知道是不是出于母子天性，也许鱼宝宝们一生下来就知道鱼妈妈是为了它们才看不见，如果没有东西吃会饿死的，所以鱼宝宝自己争相游进鱼妈妈的嘴里，直到鱼妈妈复明的时候，它的孩子已经所剩无几了。传说，鱼妈妈会绕着它们住的地方一圈一圈地游，似乎是在祭奠。所以后来人们叫黑鱼为孝鱼。黑鱼两大特点：一是十分凶猛，攻击力强；二是爱子如命，对其卵与幼鱼十分爱护，用一切力量加以保护。其实，这都是生物繁衍成长的自然现象。

　　钓黑鱼特别容易，幼鱼成群游动时，雄雌亲鱼一后一前，同时加以保护。有来犯者必决死战。而且，乌鳢保护鱼卵与幼鱼，常是雄鱼先上阵，若失败（例如被钓鱼人钓走），过了片刻雌鱼又挺身而出，继续保护鱼卵或幼鱼，真可以说是前仆后继，壮烈之至。

|拓展思考|

1. 黑鱼对水质要求高吗？
2. 黑鱼如何抗低氧？

鲶鱼

Nian Yu

鲶鱼俗称塘虱，又称怀头鱼。鲶鱼，即"鲇鱼"，鲶鱼无鳞，头大，扁平，口部周围有长须，齿间细，绒毛状，颌齿及梨齿均排列呈弯带状，梨骨齿带连续，后缘中部略凹入。眼小，被皮膜。成鱼须2对，上颌须可深达胸鳍末端，下颌须较短。幼鱼期须3对，体长至60毫米左右时1对颏须开

※ 鲶鱼

始消失。鲇鱼多黏液，体无鳞。背鳍很小，无硬刺，有4～6根鳍条，无脂鳍，臀鳍很长，后端连于尾鳍。鲇鱼体色通常呈黑褐色或灰黑色，略有暗云状斑块。大多数鲶鱼种类都生活在淡水中，也有少部分种类生活在海洋里。鲶鱼以小型鱼类为食物，有时也袭击岸上小鸟老鼠等小动物。世界各地都有鲶鱼的分布。多数种类是生活在池塘或河川等淡水中，不过部分种类生活在海洋里。中国各省都出产鲶鱼。欧美市场上的鲶鱼肉大部分来自越南等东南亚国家。体上普遍没有鳞，有扁平的头和大口，鲶鱼口的周围有数条长须，这些长须是用来辨别味道的，这是它的特征。鲶是肉食性凶猛鱼类，能在江河湖泊等天然水体中生长，皆为经济鱼类，而在放养的池塘、水库和湖泊中却是有害鱼类，放养前要尽可能清除这些鱼类。

◎生活习性

鲶鱼属于夜行性动物，白天的时候会静静地藏在河底的坑里或树根下。鲶鱼的食量很大，如多瑙河鲇的大型种类会袭击小型的水鸟或老鼠。鲶鱼为底层凶猛性鱼类。鲶鱼较怕光，所以喜欢生活在江河近岸的石隙、深坑、树根底部的土洞或石洞里，以及流速缓慢的水域。在水库、池塘、湖泊、水堰的静水中，多伏于阴暗的底层或成片的水浮莲、水花生、水葫芦下面。春天开始活动、觅食。入冬后不食，潜伏在深水区或洞穴里过冬，如果没有什么东西去侵动，它一般不游动。鲶鱼眼小，视力弱，昼伏

夜出，所以全凭嗅觉和两对触须来猎取食物，很贪食，天气越热，食量越大，阴天和夜间活动频繁。

◎生长繁殖

鲶鱼性成熟早，一般情况下一岁的时候就成熟。产卵期长江一带为4~6月，越往南越早，越往北越晚。产卵时成群追逐，和达尔文蛙相似，雄性鲶鱼也是把雌鲶鱼产的卵含在嘴里，以此孵出小鲶鱼。不一样的是，雄鲶鱼在这段时期不能进食。鲶鱼幼鱼以浮游动物、软体动物为食，其中水生昆虫的幼虫和虾类是它的美味佳肴。鲶鱼贪食易长，500克左右的幼鱼便大量吞食鲫鱼、鲤鱼等。目前最大淡水鲶鱼的世界纪录是扬州市扬庙镇水库的巨型鲶鱼。鲶鱼适宜生活在水温 20℃～25℃ 的水域。其色别有两种：一种是青灰色，一种是牙黄色，牙黄色的鲶鱼身上有花斑。鲶鱼的卵有毒，不小心误食会导致呕吐、腹痛、腹泻、呼吸困难，情况严重的时候会造成瘫痪。

▶ 知识窗

挪威人爱吃沙丁鱼，尤其是活鱼，挪威人在海上捕得沙丁鱼后，如果能让他活着抵港，卖价就会比死鱼高好几倍。但是，由于沙丁鱼生性懒惰，不爱运动，返航的路途又很长，因此捕捞到的沙丁鱼往往一回到码头就死了，即使有些活的，也是奄奄一息。只有一位渔民的沙丁鱼总是活的，而且很生猛，所以他赚的钱也比别人的多。该渔民严守成功秘密，直到他死后，人们才打开他的鱼槽，发现只不过是多了一条鲶鱼。原来鲶鱼以鱼为主要食物，装入鱼槽后，由于环境陌生，就会四处游动，而沙丁鱼发现这一分子后，也会紧张起来，加速游动，如此一来，沙丁鱼便活着回到港口。这就是所谓的"鲶鱼效应"。运用这一效应，通过个体的"中途介入"，对群体起到竞争作用，它符合人才管理的运行机制。

| 拓展思考 |

1. 从哪里可以看出鲶鱼性凶猛？
2. 什么是鲶鱼效应？

生活在湖泊湿地的动物

鳗鲡

Man Li

鳗鲡属于鳗鲡目鳗鲡科，鳗鲡的仔鱼体长体长 6 厘米左右，体重 0.1 克，但它的头狭小，身体高、薄又透明像片叶子一般，所以称为柳叶鱼。它的体液几乎和海水一样，所以可以很省力地随着洋流作长距离的漂流。从产卵场漂回黑潮海流再流回台湾的海边一般大概要半年之久，在抵达岸边前一个月才开始变态为身体细长透明的鳗线，又被称作玻璃鱼。鳗鲡是一种降河性洄游鱼类，原产于海中，溯河到淡水内长大，后回到海中产卵。

※ 鳗鲡

每年春季，大批幼鳗成群自大海进入江河口。鳗鲡肉嫩多脂，是上等的食用鱼，为洄游性鱼类，长成的鳗鲡入海生殖，而鳗苗漂流至河口，能随潮入江河、湖泊摄食生长。

◎生活习性

鳗鲡是一种降河性洄游鱼类，原产于海中，溯河到淡水内长大，后回到海中产卵。每年春季，都有大批幼鳗（也称白仔、鳗线）会成群从大海进入到江河口。雄鳗通常就在江河口成长；而雌鳗则逆水上溯进入江河的干、支流和与江河相通的湖泊，有一部分甚至跋涉几千千米到达江河的上游各水体。它们在江河湖泊中生长、发育，一般情况下昼伏夜出，喜欢流水、弱光、穴居，具有很强的溯水能力，其潜逃能力也很强。鳗鲡常在夜间捕食，食物中有小鱼、蟹、虾、甲壳动物和水生昆虫，也食动物腐败尸体，更有部分个体的食物中发现有高等植物碎屑。摄食强度及生长速度随水温升高而增强，一般以春、夏两季为最高。池养的鳗鲡在盛夏时摄食强

度会降低。水温低于 15℃ 或高于 30℃ 时，鳗鲡食欲会下降，生长也会减慢；10℃ 以下停止摄食。冬季潜入泥中，进行冬眠。鳗鲡能用皮肤呼吸，有时离开水，只要皮肤保持潮湿，就不会死亡。

◎生长繁殖

到达性成熟年龄的鳗鲡个体，会在秋季又大批降河，游至江河口与雄鳗会合后，继续游到海洋中进行繁殖。根据推测，鳗鲡产卵场在北纬 30 度以南和中国台湾的东南附近，水深 400～500 米，水温 16℃～17℃，含盐量 30‰ 以上的海水中，1 次性产卵，1 尾雌鳗 1 次可产卵 700～1000 万粒。卵小，直径 1 毫米左右，浮性，10 天内就可以孵化。孵化后，仔鱼逐渐上升到水表层，以后被海流漂向中国、朝鲜、日本沿岸，此时仔鱼约为 1 龄，冬春在近岸处变为白苗，并随着色素的增加而变为黑苗。开始溯河时为白苗，到溯河后期则以黑苗为主，混杂少量白苗。鳗鲡的性腺在淡水中不能很好地发育，更不能在淡水中繁殖，雌鳗鲡的性腺发育是在降河洄游入海之后才得以完成。在秋末（8～9 月间）大批雌鳗接近性成熟时降河入海，并随同在河口地带生长的雄鳗至外海进行繁殖。

▶ 知识窗

在鳗鱼的肉质里，含有丰富的蛋白质、维生素 A、D、E、矿物质以及不饱和脂肪酸 DHA/EPA。它能提供人类生长、维持生命所需的营养成分。长期食鳗，对于强健体魄、增进活力以及滋补养颜极有帮助，特别是孕妇与婴幼儿。与其他动物性食品比较，鳗鱼的维生素 A、维生素 E 及脂肪中含有的多元不饱和脂肪酸等，均有较高的含量。值得一提的是，河鳗含丰富的抗氧化营养素，如维生素 A，每 100 克鳗鱼含将近 2500 国际单位（IU），达成年人维生素 A 每日营养素建议摄取量的 50%，其他如矿物质钙，每 100 克鳗鱼约含 100 毫克。

| 拓展思考 |

1. 鳗鲡以什么为食？
2. 鳗主要生活在哪里？

江 鳕

Jiang Xue

江鳕，为鳕科江鳕属的鱼类，俗称山鳕，山鲶鱼，是典型的冷水性鱼类；形似鲶鱼，所以又叫"山鲶鱼"。仅有的淡水种类，体长，生活于欧、亚及北美的冷水江河及湖泊中。江鳕体长，头扁平，前部圆筒状，后部侧扁。眼小，鳞小，吻稍圆钝，口前位。下颌突出，稍长于上颌。背鳍有两个，第一背鳍较小，第二背鳍特长，胸鳍与腹鳍均小，腹鳍胸位，尾鳍椭圆形。江鳕的体色会随着栖息环境及季节的变化而变化，通常背侧为暗褐色或灰褐色。江鳕喜穴居，常栖息于沙堤或有水草生长的河湾处，大多数时候在夜间活动，是冷水性底栖凶猛性鱼类，主要食物为鱼类、水生底栖动物及蛙类。其分布于北纬40°以北，我国黑龙江、松花江、乌苏里江、鸭绿江、额尔齐斯河均产。此鱼夏季不摄食，呈休眠状态或游至较凉的山溪中去"避暑"；冬季则在湖内水草丛中栖息。江鳕是一种肉食性凶猛鱼类，主要食鲫鱼，产量不高。

※ 江鳕

◎分布地区

江鳕分布在亚洲、欧洲及北美洲北部等北温带及亚寒带，其中包括中国境内的乌苏里江、松花江、牡丹江、嫩江、额尔古纳河、海拉尔河、呼伦湖等流域。江鳕是北半球北部典型的冷水性淡水鱼，其生存的海拔范围为－230～－1米。该物种的模式产地在欧洲。江鳕分布在北纬40°以北，是著名的淡水冷水性底栖凶猛性鱼类，喜欢栖息在水质清澈的沙底或有水草生长的河湾等处，习惯于在密草中穿梭游行，营单独生活。幼鱼多生活在岸边，成鱼多在水深处。夏季时因水温增高，则游往山涧溪流水温较低

的地方，活动降低，多呈休眠状态，此时营养差，体色也变得灰褐；到秋季又会恢复到活跃的状态，从山溪洄游到大江深处越冬。成鱼昼伏夜出，日间隐蔽在石峰洞穴或陡岩下，不大活动；夜间较活跃，到处觅食。江鳕以小白鲑、鲫、鮈亚科、胡瓜鱼、鳜、鲈塘鳢、七鳃鳗等为食。主要以鱼类为生，也吃各类鱼卵和幼鱼，以及同种幼鱼和卵，有时食少量水生昆虫的幼虫、底栖动物及蛙等。冬季的食量比夏季要大，夏季几乎不摄食。3～4龄鱼达到性成熟，产卵期为11月至翌年3月。产卵季节当水温接近0℃时，成鱼常集群游向产卵场，于水深2米的沙质底处产卵。怀卵量5～300万粒；卵呈黄色，直径1毫米左右，无黏性，透明而富有脂肪，卵漂浮或附着于其他物体上。多分布于北纬45°以北的欧亚河、湖之中，东至黑龙江流域。我国黑龙江、松花江、乌苏里江、鸭绿江、额尔齐斯河均产。

◎生活习性

江鳕为鳕形目中唯一生活在淡水中的种类，是鱼类中典型的冷水性鱼，常栖息在水质清侧，底质以沙砾为主的水底。以小鱼、甲壳类和两栖类动物为主食，性凶猛。鳕鱼喜欢水质清澈、水流缓慢的沙底或有水草生长的河湾，习惯单独在密草中穿梭游行。幼鱼大多生活在岸边，成鱼多在水深处。夏季时因水温增高，则游往山涧溪流水温较低的地方，活动降低，多呈休眠状态，几乎不摄食。此时营养差，体色也变得灰褐。到秋季又恢复活跃，从山溪洄游到大江深处越冬。成鱼夜行性，白天一般隐蔽在石峰洞穴或陡岩下，基本不活动；夜间相对比较活跃，到处觅食。

◎生长繁殖

夏季的时候蛰伏在山溪低温环境，秋天和冬天比较活跃。产卵期主要在冬季。卵多产于沙底。怀卵量5万～300万粒，卵径1毫米左右。通常为300～500毫米，前4年生长快，后4年即减缓。寿命较长。产卵期为秋末至翌年春初。产卵场多在峭壁沿岸、河底多石的冰下水深1～3米处。绝对生殖力为5万～300万粒。产卵时，雄鱼先至产卵场，经3～4天雌鱼才来。雄鱼多转圈追逐雌鱼，转圈后雌雄鱼分别颤动身体产卵排精，产卵活动多在夜间进行。怀卵量随体的大小相差悬殊，体长34厘米，怀卵量5.7万粒，体长87厘米怀300万粒。卵黄色，卵径约0.73毫米。仔鱼的孵化期长，约60天。初孵仔体长4毫米左右。生长较慢，1龄鱼体长平均19厘米；6龄鱼体长平均56厘米，最大长1米，重25千克。

▶知 识 窗

　　江鳕的肉质并不鲜美，腥味儿特别重，再加上它生活习性诡秘，行踪不定，而且还吞食小山鼠等一些小动物，所以更加不受人们的欢迎了。江鳕的肝不但营养价值高，而且味道极其鲜美，不仅是欧洲人特别喜欢的美味，也是可来制造鱼肝油的唯一淡水鱼。

| 拓展思考 |

　　1. 江鳕分布在哪里？
　　2. 江鳕的体形特征有哪些？

金线鱼

Jin Xian Yu

金线鱼，又可以叫做金线鲢、黄线、红衫，为辐鳍鱼纲鲈形目金线鱼科的其中一个种。体呈椭圆形，稍延长，侧扁，长的可以到达 35 厘米，被小型栉鳞。背腹缘皆钝圆，口稍倾斜，上颌前端有五颗较大的圆锥形齿，上下颌两侧皆有细小的圆锥齿。全体呈浅红色，

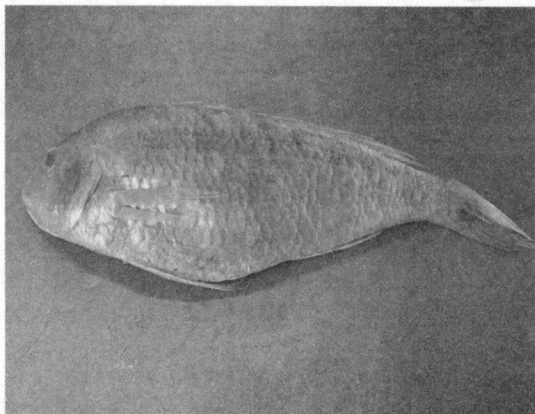

※ 金线鱼

腹部较淡，体两侧有 6 条明显的黄色纵带。胸鳍长，末端达臀鳍起点；背鳍长；尾鳍叉形，其上叶末端延长成丝状，但幼鱼期无明显的延长。背鳍及尾鳍上缘为黄色，背鳍中下部有一条黄色纵带，臀鳍中部有两条黄色纵带。

◎分布地区

金线鱼分布在西太平洋区，这里面包括日本、韩国、中国台湾、中国东海、南海、菲律宾、印尼、越南、泰国、澳洲等海域。国内的金线鱼分布在云南东部的各湖泊之中，尤其是昆明湖、阳宗海最多。为暖水性中下层鱼类，广泛分布于西太平洋海域菲律宾、中国到日本南部。中国主要产于南海、东海，黄海南部亦可捕到。喜欢生活在泥沙质海区，水深约30～100米。适温 19℃～23℃。云南三个湖泊的金线鱼以滇池最多，自 70 年代起由于污染造成水质富营养化，沿岸居民和工厂从地下水出口洞穴内抽取地下水，且砌石为池，使洞口与滇池的通道隔断，破坏了金线鱼的洄游产卵环境，现在滇池的金线鱼已经基本上都绝迹。抚仙湖和阳宗海的生态环境无多大变化。

生活在湖泊湿地的动物

◎生活习性及繁殖

栖息在湖泊比较深的出口处。主要食物来源是小虾，同时摄食部分小鱼。金线鱼栖息在具沙泥底质海域，栖息于湖泊较深的出口处。属肉食性，食物以小虾为主，同时摄食部分小鱼。温水性高原湖泊特有小型名贵鱼类。生活于 18～220 米海域，喜栖息于沙泥底质地区。肉食性，以小鱼及甲壳类为主。繁殖期在 5～6 月。为暖水性中下层鱼类，在南海产卵期为 4～5 月，由外海向近岸作生殖洄游，5 月后大部分金线鱼产卵完毕，鱼群会向外海深处分散。

知识窗

金线鱼属鱼类，是重要的经济鱼种，常可由延绳钓或底拖网所渔获，估计全球每年产量超过 12 万吨。此数字应为低估，因金线鱼和其他沿岸鲷、龙占、笛鲷一样，是地区性最受欢迎的海鲜，许多渔获并不经由渔市场交易，所以缺乏完整的渔获统计资料。

金线鱼的雄鱼与雌鱼的比例随体长而不同，未成熟时以雌鱼居多，成熟后则以雄鱼较多。除了因为它是属于"先雌后雄"的性转变模式所致外，也可能是雄鱼成长比雌鱼快的缘故。

金线鱼科鱼类大多有一游一停的习性，但游速快，行动十分敏捷，这种游泳行为在其他鱼科并不常见到。它们是日行性鱼类，以躲在底床下的多毛类、虾蟹为主食，其他像端足类、等足类、介形类、桡足类等也是它摄食的对象。

拓展思考

1. 金线鱼是怎么得名的？
2. 金线鱼的繁殖要求是什么？

生活在湖泊湿地的动物

哲罗鲑
Zhe Luo Gui

哲罗鲑又叫做大红鱼，属鱼纲、鲱形目、鲑科，是北方一种珍稀的冷水型食肉鱼类，我国的哲罗鲑主要分布在东北部的黑龙江、鸭绿江和新疆的额尔齐斯河等地区。这种鱼类生性凶猛、机警，长年隐没在水中，繁殖季节鱼体呈红褐色。是一种冷水性的淡水食肉鱼，体型大，身长在 1 米以上，曾发现过 50 千克重的个体，但曾经有发现长达 4 米，重达 90 千克的个体，捕食鱼类及在依水生活的蛙类、蛇类、鼠类、鸟类等。哲罗鲑的肉味道鲜美，是难得的美食。

※ 哲罗鱼

◎分布地区

哲罗鲑主要分布在亚洲北部地区，西至伏尔加河流域以及俄罗斯额尔齐斯河流域、东至伯朝拉河流域、南至黑龙江流域，包括中国东北各大河流，北至勒拿河流域均有发现。主要分布在亚洲北部地区，西至伏尔加河流域、东至伯朝拉河流域、南至黑龙江流域，北边一直到勒拿河流域均有发现。

◎生活习性及繁殖

哲罗鲑是冷水性的纯淡水凶猛食性鱼类。哲罗鲑大部分时间生活在水流湍急的溪水中，冬季在较深的水体如大江干流、湖泊中越冬，春季向溪流洄游产卵。冬季因受水位的影响，在结冰前逐渐向大江或附近较深的水体里移动，寻找适于越冬的场所。春季开江后，即溯河向溪流作生殖洄游，8 月以后向干流移动。黑龙江沿江一带渔民有"细鳞、哲罗，七上八

下"的谚语,这是指细鳞鱼和哲罗鱼的洄游规律。性成熟需5龄,体长达40～50厘米。生殖期于5月中旬开始,水温在5℃～10℃左右,亲鱼集群于水流湍急、底质为沙砾的小河川里产卵,亲鱼的产卵方式与大麻哈鱼相同。亲鱼有埋卵和护巢的习性。产卵后大量死亡,尤以雄鱼为更多。仔鱼喜潜伏在沙砾空隙之间,不常游动。哲罗鱼非常贪食,是淡水鱼中最凶猛的鱼种之一。觅食时间多在日出前和日落后,由深水游至浅水岸边捕食其他鱼类和水中活动的蛇、蛙、鼠类和水鸟等,其他时间多潜伏在溪流两岸有荫蔽的水底。一年四季均索食,夏季水温稍微高一点儿的时候,食欲会差一些,有时候甚至有停食的现象;冬季的时候不停止摄食,只有在生殖期的时候停止摄食。

知识窗

·喀纳斯"湖怪"可能是哲罗鲑·

新疆生态学会理事长、新疆环境保护科学研究院研究员袁国映认为,"湖怪"可能是哲罗鲑。这一说法在他20年前亲眼目睹"湖怪"现身时就已认定。他分析认为,在喀纳斯湖中生活的只有8种鱼,而其中只有江鳕鱼和哲罗鲑可能长到1米以上,但江鳕鱼一般生活在水底,而哲罗鲑会浮出水面。

拓展思考

1. 哲罗鲑分布在我国哪里?
2. 哲罗鲑的繁殖期是什么时间?

鲤 鱼

Li Yu

鲤鱼原产于亚洲，从引进至欧洲、北美及其他地区。鲤鱼的鳞大，上腭两侧各有二须，单独或成小群地生活于平静且水草丛生的泥底池塘、湖泊、河流中。背鳍的根部长，没有脂鳍，通常口边有须，但也有的没有须。口腔的深处有咽喉齿，用来磨碎食物。鲤鱼的种类很多，约有2900种。鲤鱼是杂食鱼类，在寻找食物的时候经常将水搅得很浑浊。

冬天的时候，鲤鱼会进入休眠的状态，沉伏于河底，不吃任何食物。鲤鱼在春天的时候产卵，雌鱼常在浅水带的植物或碎石屑上产大量的卵。卵在4～8天后孵化。鲤鱼常因食用而被养殖，特别在欧、亚地区，每水域能生产出大量的鱼，是家养的变种。鲤的两个养殖品种是锦鲤和草鲤。鲤鱼在人工饲养下，可以存活40年左右。

◎分布地区

鲤鱼喜欢生活在平原上暖和的湖泊里面，或者水流缓慢的河川里。在中国很早就有人将鲤鱼当作观赏鱼或食用鱼，在德国等欧洲国家作为食用鱼被养殖。

◎生活习性

鲤鱼是杂食性动物，所以说鲤鱼的诱饵比较广泛，经常很容易被垂钓者收为"囊中之物"。鲤鱼同时也是低等的变温动物，体温随着水温的变化而变化。鲤鱼的摄食量并不算大，它同其他的淡水鱼一样都属于无胃鱼，而且鲤鱼的肠道又短又细，新陈代谢快，鲤鱼的摄食习性是"少吃多餐"。各种水草和水生植物滋生繁茂的水域，也是各种浮游生物和底栖生物繁衍生息之所，鲤鱼群可以在这里摄取到丰盛食物。水草茂盛处又是鱼类绝佳的排卵产床，每年春天繁殖季节，这一类的地方都是鲤鱼的聚集之所。一个池塘往往有溪流或渠水注入，就会有许多的鲤鱼聚集。因为，它不但为塘内鱼儿带来大量新鲜饵物，并且在进出水的地方又有较高的溶氧度，是鲤鱼觅食摄氧的理想去处。所谓"顺风的旗，顶水的鱼"，道理就在于此。水域宽阔的池塘，一遇风天，水面往往掀起较大风浪，风浪推动

表层浮游生物和其他一些食物积聚于下风口处，这些饵物又被浪头打入水中，这一带于是就成了鱼类的天然觅食场。

日照下的水温比较高，鱼儿爱来到阳光照耀下的浅水层觅食。由于早晚间的温差大，浅水层水温下降的比较快，幅度也比较大，鱼儿这时候便会到深水区去。随着昼与夜水面温度的升降，鱼儿也会随之日浮夜沉。随着这样的规律去寻找鲤鱼，一般很容易被发现。有的人就利用鲤鱼喜温这个习性，在炎热的夏季，顶着烈日寻找它们的踪影，但往往会失落而归。因为烈日当头，鱼儿一般在池塘最深处龟缩不动。若是选择在这个时候钓鱼，基本上都会空手而归。这是由鲤鱼的食性和生活习惯决定的，这也是它们出于防避敌害的一种天性与本能。当自然水体的含氧量降至不足1毫克时，就会引起多数鱼类停止摄食、"浮头"、甚至死亡。水中氧气一是来自水生植物的光合作用，再一个来自水面空气。无风天气溶氧慢，波浪大则溶氧情况好。哪一处缺氧，鲤鱼便很敏感地向含氧高的水域转移。这就是鱼喜草、喜流、喜波、喜浅滩的主要原因。

┃知 识 窗┃

俗话常说"鲤鱼跳龙门"，这是比喻鲤鱼喜欢跳水的习性。鲤鱼和其他许多鱼都喜欢跳水。不同的鱼跳水的本领也不同。有的鱼跳得很高，如有一种叫做"跳鱼"的鱼，它能跳离水面4～5米，可以说是鱼中的"跳高冠军"。鲤鱼有时也能跳出水面1米以上。

鱼为什么会跳水呢？根据科学家们的分析，一般认为有几种原因。有的是由于周围环境的变化而引起的，如地震灾害发生前夕，地球磁场发生变化，鱼感受到了威胁；如为了躲避敌害的突然袭击，而越过途中的障碍；或者受到突然的恐吓等原因，是鱼为了生存而产生的本能反应。

另一种原因是生理上的变化，当鱼到了快要生殖的时候，体内就产生了一些能刺激神经的东西，使它处于兴奋状态之中，因此就特别喜欢跳跃。

┃拓展思考┃

1. 鲤鱼以什么为食？
2. 鲤鱼对生存环境有什么要求？

金鱼

Jin Yu

金鱼最早起源于我国，从 12 世纪开始就已经有金鱼家化的遗传研究了，经过几百年的培育，金鱼的品种不断被优化。现在世界各国的金鱼都是从我国直接或间接引种的。

在我国，金鱼很早就奠定了国鱼的身份。在人类的文明史上，金鱼已经陪伴人类生活了十几个世纪，它是世界上最早作为观赏鱼的品种。

金鱼深受我国广大人民的喜爱。据史料记载，金鱼起源于我国普通食用的野生鲫鱼。它先由银灰色的野生鲫鱼变为红黄色的金鲫鱼，然后再经过不同时期的家养，由红黄色金鲫鱼逐渐变成为各个不同品种的金鱼。远在中国晋朝时代就已经有红色鲫鱼的记录出现。在唐代的"放生池"中，就已经开始出现红黄色鲫鱼，宋代开始出现金黄色鲫鱼，人们开始用池子养金鱼，金鱼的颜色有白花和花斑两种。到明代的时候，金鱼已经搬进了鱼盆。金鱼和鲫鱼同属于一个物种，在科学上用同一个学名。早在石器时代，人们就捕捉鱼类作为食物。早在距今 3200 多年前，中国就已经有了养鱼的记录。人们长期捕鱼、捉鱼、养鱼，同鱼类的接触也很多。金鱼也就是人们在长期与鱼类接触时才被发现的，当时的人们将所有的金色或者是红色的鱼统称为"金鱼"。

◎体色的变异

金鱼的颜色有很多种，这主要是由于真皮层中许多有色素细胞所产生的。其实金鱼的颜色成分只有三种：黑色色素细胞、橙黄色色素细胞和淡蓝色的反光组织。所有的这些成分都存在于野生鲫鱼中。家养金鱼鲜艳多变的体色，只不过是这三种成分的重新组合分布，强度、密度的变化，或消失了其中一个、两个甚至三个成分而形成的。

金鱼其实只是一种会变色的鱼类，变色原因主要由神经系统和内分泌控制。金鱼变色主要是为了适应环境色彩，同时还有其他因素，例如：在受电光照射后，就会把一定的颜色和斑纹显示出来。当金鱼生病或水质变坏时，金鱼的体色就会变暗，失去光泽。

◎头形的变异

各地的金鱼饲养者把头形分为虎头、狮头、鹅头、高头、帽子和蛤蟆头。在这些头形中，有的是同一类型的，只不过在各地有着不同的名称。如北京饲养者称为虎头的，在南方称为狮头；在北京称为帽子的，在南方称为高头或鹅头。平头形的金鱼头部皮肤是薄而平滑的，成为平头形。平头形的金鱼有窄平头和宽平头之分；鹅头形的金鱼头顶的肉瘤厚厚凸起，而两腮上则是薄而平滑的；狮头形的金鱼头顶和两侧鳃盖头顶和两侧鳃盖上的肉瘤都是厚厚凸起，发达时甚至能把眼睛遮住。

◎眼睛的变异

金鱼的眼睛可分为正常眼、龙眼、朝天眼和水泡眼。正常眼的金鱼与野生型鲫鱼眼睛大小一样的被称之为正常眼；龙眼金鱼眼球过分膨大，并部分地突出于眼眶之外，这种眼称为龙眼；朝天眼的金鱼与龙眼金鱼比较像，它们都比正常眼大，眼球也部分地突出于眼眶之外，所不同的是朝天眼的瞳孔向上转了90°而朝向天。还有一种在朝天眼的外侧带有一个半透明的大小泡，这种眼称为朝天泡眼；水泡眼的金鱼眼眶跟龙眼一样大，但眼球却同正常眼一样小，眼睛的外侧有一半透明的大小泡，这种眼称为水泡眼。还有一种与水泡眼相似，只是眼眶中半透明的水泡较小，在眼眶的腹部只形成一个小突起，从表面上看很像蛙的头形，所以称为蛙头，也有人称为蛤蟆头。

◎金鱼的繁殖

一般情况下，处于产卵期时的雌鱼肚子比较大，雄鱼的肚子不会有什么变化。但仔细观察就可以发现，雄鱼的前鳍方硬骨刺上有几个小白点，尤其是在产卵期较为明显，而雌鱼绝对没有。

在我国北方，金鱼的繁殖季节是4月底到6月底产卵，而在南方会比北方提早一个月，在南方为3～4月间产卵。金鱼通常1年就可以成熟产卵，也就是说一年可以繁殖一代。如果冬季提高温度，加强饲养管理，金鱼7～8月龄时，在严寒的冬季也可以提前产卵，并非一定要到1年时才能产卵繁殖，金鱼在繁殖的季节里可多次产卵。

·金鱼可以杂交吗？·

从理论上讲是可以的，金鱼本身就是从野生的鲫鱼选育而来的，它们在生物学意义上是同一种物种的不同品种。

但是实际上很难让金鱼和鲫鱼进行杂交，因为两者在外形和生活习性上发生了很大变化，混养在一起时，鲫鱼明显具有生理优势，很难让优势差距明显的鱼自然配对。

|拓展思考|

1. 金鱼原产自哪里？
2. 你能说出多少种金鱼？

生活在湖泊湿地的动物

湖泊湿地两栖类

第三章

HUPOSHIDILIANGQILEI

两栖动物是最原始的陆生脊椎动物，既有适应陆地生活的新的性状，又有从鱼类祖先继承下来的适应水生生活的性状。现代的两栖动物种类超过4000种，分布也比较广泛，但其多样性远不如其他的陆生脊椎动物，只有3个目，其中只有无尾目种类繁多，分布广泛。

中华蟾蜍

Zhong Hua Chan Cha

中华蟾蜍一般情况下生活于阴湿的草丛中、土洞里或者石头砖块下面等。其生存的海拔上限为 1500 米。为蟾蜍科蟾蜍属的两栖动物，俗名癞肚子、癞疙疱、癞蛤蟆。分布于台湾本岛以及中国的河北、山西、黑龙江、辽宁、吉林、江苏、浙江、安徽、福建、江西、河南、湖北、湖南、四川、贵州、云南、

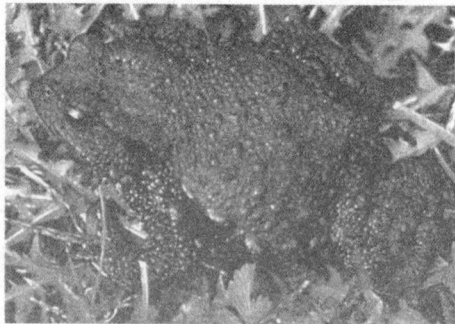

※ 中华蟾蜍

陕西、甘肃、宁夏、青海等地，中华蟾蜍为无尾目蟾蜍科。体长约 100 毫米左右。头背光滑无疣粒，体背瘰粒多而密，腹面及体侧一般无土色斑纹。雄体通常体背以黑绿色、灰绿色或黑褐色为主，雌体颜色较浅；体侧有深浅相同的花纹；腹面为乳黄色与黑色或棕色形成的花斑。

◎生活习性

中华蟾蜍一般穴居在泥土中，或栖于石下及草间；栖居草丛、石下或土洞中，黄昏的时候才会爬出来捕食。产卵季节因地而异，卵在管状胶质的卵带内交错排成四行。卵带缠绕在水草上，每只产卵 2000～8000 粒。成蟾在水底泥土或烂草中冬眠。其蝌蚪喜欢成群结队朝同一方向游动。冬季多在水底泥中。白昼潜伏，晚上或雨天外出活动。中华蟾蜍是捕食田野害虫的能手，一般是夜间捕食。捕食害虫种类很多，有蝶类、蝗虫、蚱蜢、金龟子、蚊、蝇、白蚁，捕食量极大。稻田里的青蛙一天捕食 200 多只害虫，而癞蛤蟆要高出青蛙 2～3 倍，所以它是对人类很有益的动物。

◎生长繁殖

"春分"到"清明"前后这段时间，冬眠的蟾蜍都集中在池塘、人工湖，可看到个体较小的雄蟾蜍，用前肢紧紧抱住一只个体较大的雌蟾蜍，

有时可持续几天而不分开（即使人为地使之分开也很费劲），这种现象称为抱对或抱合。抱对并不是它们进行交配，而是促使两个个体都在兴奋高潮中，同时产卵排精，进行体外受精。癫蛤蟆的卵呈带状。卵的外面有外胶质膜，起缓冲、保护、集热、聚光、增加浮力，用来起到防止干燥等作用。

▶ 知识窗

· 蟾蜍与青蛙有什么区别呢？ ·

蝌蚪的区别：青蛙的蝌蚪颜色较浅、尾较长；蟾蜍的蝌蚪颜色较深、尾较短。卵的区别：青蛙的卵堆成块状，蟾蜍的卵排成串状。

蟾蜍实际上是蛙类的一种，所以从科学的角度看，所有的蟾蜍都是蛙，但不是所有的蛙都是蟾蜍。两栖纲无尾目的成员统称蛙和蟾蜍，蛙和蟾蜍这两个词并不是科学意义上的划分，从狭义上说，二者分别指蛙科和蟾蜍科的成员，但是无尾目远不止这两个科，而其成员都冠以蛙和蟾蜍的称呼，一般来说，皮肤比较光滑、身体比较苗条而善于跳跃的称为蛙，而皮肤比较粗糙、身体比较臃肿而不善跳跃的称为蟾蜍，实际上有些科同时具有这两类成员的特征，在描述无尾目的成员时，多数可以统称为蛙。

无尾目包括现代两栖动物中绝大多数的种类，也是两栖动物中唯一分布广泛的一类。无尾目的成员体型大体相似，而与其他动物均相差甚远，仅从外形上就不会与其他动物混淆。无尾目幼体和成体则区别甚大，幼体即蝌蚪有尾无足，成体无尾而具四肢，后肢长于前肢，不少种类善于跳跃。

| 拓展思考 |

1. 蟾蜍为什么又叫中华蟾蜍？
2. 蟾蜍有什么医学价值？

泽 蛙

Ze Wa

泽蛙是脊索动物门、脊椎动物亚门、两栖纲、无尾目、蛙科、蛙属的一种。泽蛙俗称"梆声蛙""乌蟆"。经常可以在田野池塘及丘陵见到它们。该物种的模式产地在爪哇。泽蛙外形似虎纹蛙而体形小，体长 50～55 毫米。趾间半蹼。吻部较尖，上下唇有 6～8 条黑纵纹；两眼间有"V"字

※ 泽蛙

形斑，肩部一般有"W"字形斑，有的还有宽窄不一的青绿色或浅黄色脊线纹。背面灰橄榄色、深灰色或棕褐色，有的杂以赭红、深绿色斑；无背侧褶，有许多分散排列、长短不一的纵肤棱。雄蛙有灰黑色单咽下外声囊，鸣声响亮，生活在稻田、沼泽、菜园附近。

◎分布地区

泽蛙广泛分布在日本和东南亚地区。在中国分布于秦岭以南的平原和丘陵地区，海拔 2000 米的山区也有分布。国外分布：孟加拉国、文莱、柬埔寨、印度、印尼、日本（本州西部、四国和九州和冲绳，并被引入至对马岛和壹岐岛）、老挝、马来西亚、缅甸、尼泊尔、巴基斯坦、菲律宾、新加坡、斯里兰卡、泰国、越南、菲律宾、也可能产于不丹。中国分布在台湾、香港、澳门、河北、山东、西藏、江苏、浙江、安徽、福建、江西、河南、湖北、湖南、广东、广西、海南、四川、云南、贵州、陕西、甘肃。

◎生长繁殖

高纬度地区的泽蛙，一般秋季就开始冬眠，4 月出蛰后产卵，产卵期可以延长到 9 月份。在南方，1 只雌蛙年产 2～3 批卵。卵大都产于水层

较浅的静水域中，一般沉入水底。在产卵时，抱对的雌雄泽蛙先将头部潜入水中，仅肛部露于水面。排出 20～70 枚卵以后，雄蛙用足猛然将卵蹬离肛部，这样的产卵动作一般连续 6～7 次。卵小，卵径约 1 毫米。蝌蚪的背部为橄榄绿色，有棕褐色麻点，尾细弱，末端尖细，尾鳍上下缘有若干黑色短横斑。卵和蝌蚪适应能力强，水温 40℃ 时仍能正常发育，而且速度很快。一般 35～45 天完成变态，有的在 3 周内完成。泽蛙的主要食物是害虫，因而对消灭农田害虫起积极作用。但有时也捕食少量有益的动物。泽蛙原是长江下游主要水稻产区最常见的蛙类，近年来，由于该地区改变水稻栽培方法，普遍使用除草剂、杀虫剂，加上水体大面积污染等原因，导致泽蛙数量急剧减少，应当引起人们的注意与关切。

▶ 知识窗

　　蛙类在口腔内的前沿长有一条布满黏液的长舌头，舌头前端分叉，平时不用时，舌尖朝向喉部倒放在口腔内，当它一旦看到了捕食对象，立即张开口把长舌向对方"射出"，由于舌头上有黏液，舌头接触到食物后立刻被黏住，舌头随即将其卷好送到口腔内的喉部，口腔此时闭合。剩下的动作就是蛙吞咽食物了。

　　蛙的口腔边缘长有小而密的角质齿，用手摸可以明显感觉到角质齿的存在与作用。当蛙的口腔闭合时，吞入的食物不能从口腔逃脱。即使是一条没有完全吞入的昆虫幼虫或蚯蚓，由于有角质齿的咬合而无法挣脱，这些被捕获的食物只有被青蛙慢慢吞掉的命运。

| 拓展思考 |

1. 泽蛙分布在哪里？
2. 泽蛙以什么为食？

金线蛙

Jin Xian Wa

金 线蛙为无尾目、蛙科、蛙属的两栖动物。分布在河北、山东等地。体长 50 毫米（雄体略小），体型肥硕，头长约等于头宽，吻端钝圆。鼓膜大而明显棕黄色，颞褶不显著。背部为绿色杂有一些黑色斑点，有两长条褐色斑，从吻端一直延伸到泄殖腔口，形成明显的绿色的背中线。体侧绿色有

※ 金线蛙

些黑斑，两侧各有一条粗大的褐色、白色或浅绿色的背侧褶。皮肤光滑，但是在它的背部及体侧有些疣粒。腹部光滑，黄白色带有一些棕色点。前肢指细长无蹼。后肢粗短有黑色横带，趾间蹼发达为全蹼。股部内侧黑色有许多小白斑。雌蛙体型比雄蛙大很多。

◎分布地区

侧褶蛙属现在有 22 种，中国已知的有 8 种，广泛分布于古北界和东洋界地区，除西藏和海南省（区）外均有分布，其中的金线蛙种的三个物种分布广、数量较多，主要分布在我国东部地区，是我国常见蛙类之一，也是我国经济价值较大的蛙类资源。主要鉴别特征是：头侧及体侧多为绿色，背面绿色或橄榄绿色，有两条棕黄的背侧褶，背侧褶几于眼睑等宽：股后方有黄色的褐色的纵纹，腹面为黄色或浅黄色。趾间近全蹼。雄蛙在咽侧有 1 对内声囊，雄性第 1 趾基部内侧有指垫。生活于平原地区的池塘、湖沼、鱼塘、荷花池等水生植物较多的自然水体内。分布于河北、山西、山东、河南、湖南、湖北、安徽、江苏、浙江等地。

生活在湖泊湿地的动物

◎生活习性

金线蛙在 1000 米以下的开垦地草泽环境，数量及分布范围逐渐减少。水栖性，喜欢在长有水草的蓄水池或者遮蔽良好的农地里藏身，例如飘着浮萍的稻田、芋田或者茭白笋田。繁殖期以春天及夏天为主。生性机警，多半藏身在水生植物的叶片下，仅露出头来观察四周的动静，若受到干扰马上跳入水中。雄蛙叫声很小，很短促的一声"啾"，不容易听到。平常也栖息在水域，以水生动物为食。卵粒小，卵径约 1 毫米。每次产卵约850 粒，聚成块状。蝌蚪褐绿色，有许多深褐色斑点。

◎生长繁殖

金线蛙形态指标都和它的体长呈正相关，金线侧褶蛙雌体的体长和体重均显著大于雄体。雌蛙怀卵量与自身体重和体长成正相关，表明该蛙也通过增加个体大小增加繁殖输出。金线蛙自受精卵期至鳃盖完成期共分为26 个时期，其发育历程及各时期胚胎外形特征与已知的无尾两栖类胎胚发育大同小异，并无明显的差异。

▶ 知 识 窗

由于青蛙的眼睛对运动的东西很灵敏，对不动的东西却无动于衷，所以，青蛙的眼睛可以识别不同的图像。它可以在各种形状的飞动着的小动物里，立即识别出它最喜欢吃的苍蝇，而那些飞动着的小动物静止不动的背景却在青蛙眼里没有反应，同时，也对那些"有很大阴影的快速运动"的天敌特别敏感。而对与它的生存没有意义的事物，如不动的或摇动的树木和草叶则都没有反应。就是说，蛙眼不像照相机，可以一点不漏地把镜头前的景物统统照下来，它只能看到对它有用的景物。而且青蛙的眼睛能够敏捷地发现运动着的目标，迅速判断目标的位置、运动方向和速度，并且立即选择最好的攻击姿态和攻击时间。总体来说，青蛙的眼睛主要带来的方便，其一是为了捕食，其二是为了逃生。

| 拓展思考 |

1. 金线蛙的体形特征是什么？
2. 金线蛙栖息于哪些地方？

黑斑蛙

Hei Ban Wa

黑斑蛙为无尾目、蛙科、蛙属的两栖动物。一般也叫做"青蛙"，"田鸡"。体长大约有7～8厘米，雄性黑斑蛙略小。头部略呈三角形，长略大于宽。口阔，吻钝圆，吻棱不显，口内锄骨齿两小团，左右不相遇；近吻端有小形鼻孔两个。眼大而凸出，眼间距窄，眼后方有圆形鼓膜，大而明显。体背面有1对较粗的背侧褶，2背侧褶间有4～6

※ 黑斑蛙

行不规则的短肤褶，若断若续，长短不一；背部基色为黄绿色或深绿色，或带灰棕色，具有不规则的黑斑，背中央常有一条宽窄不一的浅色纵脊线，由吻端直到肛口。腹面皮肤光滑，白色无斑。前肢短，指趾端钝尖，指长顺序3、1、2、4，指侧有窄的缘膜，关节下瘤明显；后肢较肥硕，胫跗关节前达眼部，趾间几为全蹼，第5趾外侧缘膜发达，外蹠突小，内蹠突窄长，有游离的刃状突出。雄蛙具颈侧外声囊；前肢第1指基部有粗肥的灰色婚垫，满布细小白疣。

◎分布地区

大多数栖息在池塘、水沟或小河里面。在中国，从华北北缘到华南北缘的平原和丘陵这一地带比较常见、数量很多，分布江苏、浙江、江西、湖南、湖北、安徽、山东、山西、河北、四川、贵州、福建、广东、黑龙江、吉林、辽宁及内蒙古等地，日本、朝鲜、前苏联（亚洲部分东部）也有分布。

◎生活习性

黑斑蛙的成蛙通常会生活在稻田、池塘、湖泽、河滨、水沟内或者水

域附近的草丛里面。性喜温湿有遮阳的水草或水草丛生的环境生活，捉昆虫飞蛾的能力特别强。一般情况下，11 月开始冬眠，钻入向阳的坡地或离水域不远的田地，次年 3 月中旬出蛰，4～7 月为生殖季节，产卵的高潮在 4 月间。一般在降雨前后和黄昏时开始鸣叫，引诱雌蛙抱对产卵。卵多产于秧田、早稻田或其他静水水域中，偶尔也在缓流水中产卵。每 1 卵块有卵 2～3.5 千粒，多浮于水面，卵径 1.7～2.0 毫米。蝌蚪体笨重，尾肌弱，尾鳍发达，尾末端尖圆，约经 2 个多月完成变态。黑斑蛙吞食昆虫的数量很大，1 昼夜捕虫可达 70 余只，是一种消灭田间害虫的有益动物。根据《本草纲目》的记载，它同时也可以作为药物使用。

▶ 知 识 窗

　　黑斑蛙的病害防治应以预防为主。养殖过程中，只要注意环境卫生，保证饲料新鲜、营养平衡，科学喂养，就可减少黑斑蛙病害的发生。黑斑蛙的常见病害及防治方法如下。

　　1. 胃肠炎。此病在养蛙的各个阶段都容易发生，主要是高温天气水质污染或饲料变质引起。病蛙前期因肠道不适会烦躁不安，后期伸腿闭目，不动不食，反应迟钝，解剖可见肠道充血、发炎。防治办法是控制饲料投喂量，饲料 30 分钟内不能吃完，说明投喂量过多。及时换水，清除池底污物，用 2.0 克/立方米的漂白粉全池泼洒；每公斤饲料加入 20 克～30 克酵母片，每天 2 次，连用 3 天。

　　2. 白内障。初期有一层白膜附于眼球之上，随着病情加重完全覆盖整个眼球，最后导致失明，眼球突出。此病是由于天气突变、温差太大或水质变化过多引起。防治办法是用 2 克/立方米的漂白粉或 50 克/立方米的高锰酸钾全池泼洒，保持稳定的水温；在饲料中经常添加维生素 E，提高蛙体生理功能和免疫力。

　　3. 肝肿。大病蛙呈肥胖状，后肢粗大，手压有硬感，皮肤微红等。此病主要由营养不平衡引起。防治办法是定期进排水，保持水质清新，同时饲料中经常添加鱼肝油、维生素 C，增强肝脏功能。

| 拓展思考 |

　　1. 黑斑蛙俗称什么？

　　2. 黑斑蛙可以入药吗？什么药性？

饰纹姬蛙

Shi Wen Ji Wa

饰纹姬蛙属于两栖动物两栖纲姬蛙属姬蛙科无尾目，体长 2 厘米左右，灰棕色背面，有两条深棕色纹，由两眼睑间延伸到身体后端，四肢都有横斑，白色腹面；鼓膜不显著，趾间有微蹼；雄蛙在咽下有单个外声囊。体型较小的蛙类，体长一般在 3 厘米以下。背部比较光滑，只有少量分散的小疣粒。背部有对称排列的灰棕色斜纹。常在草丛中和田边或水塘附近活动扑食，有时在路边草丛也可以见到。以昆虫为食，常食白蚁，小型鞘翅目昆虫等。

※ 饰纹姬蛙

◎分布地区

分布于台湾岛，广泛分布于中国西北，华中，华南，华东和西南；云

南省分布于滇南，滇中，滇西和滇东北部分地区。常栖息于水田或水塘中及水域附近草丛。该物种的模式产地在印度。

▶ 知 识 窗

世界上大约有4300多种不同类型的青蛙和蟾蜍。它们是两栖动物中个头最大的一族。它们的栖息地令人惊奇，不仅有湖泊，沼泽和其他湿地，而且还包括草地，山地甚至沙漠。蛙类属无尾目，此目主要特征是：身体短宽，四肢比较长；幼体有尾，成体无尾；跳跃型活动；幼体为蝌蚪，从蝌蚪到成体的发育中需经变态过程。其各数量约有2500种，我国的蛙类有130种左右，南方深山密林中的种类较多。

拓展思考

1. 饰纹姬蛙有什么特点？
2. 饰纹姬蛙有什么生活习性？

蝾 螈

Rong Yuan

蝾螈是一种有尾两栖动物，体形与蜥蜴十分相似，所以很多人都容易把两者搞混。蝾螈体表无鳞，但是蜥蜴体表是有鳞的，它是一种良好的观赏动物，包括北螈、蝾螈、大隐鳃鲵（一种大型的水栖蝾螈）。它们大部分栖息在淡水和沼泽地区，主要是北半球的温带区域。他们通过皮肤吸收水分，因此蝾螈需要居住在潮湿的环境里。

※ 蝾螈

◎体态特征

蝾螈体长约6～8厘米，它的外形是由头、颈、躯干、四肢和尾5部分组成。蝾螈全身皮肤裸露，背部黑色或灰黑色，皮肤上分布着稍微突起的痣粒，腹部有不规则的橘红色斑块。蝾螈的颈部不明显，躯干较扁，四肢较发达，前肢四指，后肢五趾，指（趾）间无蹼，尾侧扁而长。蝾螈在水中活动时就借助躯干和尾巴不断弯曲摆动而前行，在水底和陆地上活动时则需要靠四肢爬行。蝾螈在成长的过程中有蜕皮的现象，一般是先从头顶部开始，然后再是躯干部、四肢和尾部蜕皮。

要分辨蝾螈的雄雌需要注意以下几点：雌的体型略微大于雄体；但雄体比较活泼灵敏，相反，**雌体因其腹部肥大，行动较为迟缓**；雄体泄殖腔孔隆起，特别在生殖季节，孔裂长，有明显绒毛状乳突，甚至向外凸出，而雌体的泄殖腔孔平伏，孔裂较短，无明显乳突。蝾螈身体短小，有4条腿，皮肤潮湿，大都有明亮的色彩和显眼的模样。中国生长的大蝾螈体型最大，体长可达1.5米。蝾螈都有尾巴，但与蛙类不同，它们从一出生都长着一条长尾巴。

生活在湖泊湿地的动物

◎交配与繁殖

大多数的两栖动物都是通过体外受精的，不过蝾螈虽属于两栖动物，但它却是体内受精的。蝾螈的交配行为也是相当特殊的，雄蝾螈在排精之前，不断地围绕在雌蝾螈后面游动，用吻端触及雌蝾螈的泄殖腔孔，同时把尾向前弯曲，急速抖动。求偶成功之后，雌蝾螈随雄蝾螈而行，当雄蝾螈排出乳白色精包（或精子团），沉入水底粘附在附着物上时，雌螈紧随雄螈前进，恰好使泄殖腔孔触及精包的尖端，徐徐将精包的精子纳入泄殖腔内。精包膜遗留在附着物上。出生的卵粒外围就像有胶状物质缠裹保护着，这样可以使幼体安然度过发育前期。

纳精后的雌蝾螈会变得十分活跃，尾高举，约 1 个小时后才可逐渐恢复常态。雌螈纳精 1 次或数次，可多次产出受精卵、直至产卵季节终了为止。在产卵时雌螈游至水面，用后肢将水草或叶片褶合在泄殖孔部位，将卵产于其间。每次产卵多为 1 粒，产后游至水底，稍停片刻再游到水面继续产卵。一般每天产 3～4 粒，最多时可达 27 粒，平均年产 220 余粒，最多可达 668 粒。一般情况下，这些卵要经 5～25 天孵出，孵出后的胚胎有 3 对羽状外鳃和 1 对平衡肢。

生活在自然界的蝾螈与人工饲养的蝾螈的产卵期是不一样的，自然界中生长的一般在 3～4 月间，以 5 月份产卵最多，而后者由于室温往往高于自然界温度，产卵期一般要提前一个月左右。在 2～3 月间，气温达到 10℃以上时，大腹便便的雌蝾螈便开始产卵，以 4 月份为盛期，以后逐渐减少。

受精卵在各方面条件适宜的情况下，包括水，氧气和温度都要适宜，经过多次有规律地分裂，卵变成小蝌蚪。经过 2～3 天，蝌蚪慢慢长出前肢，随后再长出后肢，再过 3～4 个月，幼体发育完成，变成蝾螈。

◎防卫

不管是在地表、树上还是陆地上，蝾螈都可以用它短短的四肢缓慢地爬行。更令人感到不可思议的是，它们还可以用前足或者趾尖在泥泞不堪的表面上行走，如池塘底部的淤泥。蝾螈之所以如此厉害，很大一部分原因是它可以借助摆动尾巴来加快行走速度。

蝾螈大多是有毒的，且体色鲜明美丽，它们正是利用这种鲜艳夺目的颜色告诫来犯者，于是，那些蠢蠢欲动的来犯者就会对它们敬而远之了。当蛇向蝾螈发起攻击时，蝾螈的尾巴就会分泌出一种像胶一样的物质，它们用尾巴毫不留情地猛烈抽打蛇的头部，直到蛇的嘴巴被分泌物给粘住为止。

　　蝾螈通常生活在一些潮湿的地下或水下，是一种比较害羞的动物。它们的皮肤光滑而又粘性，尾巴很长，头部很圆。它们中许多种都是终生在水中生活，而其中又有一些种类完全生活在陆地上，甚至有些完全生活在潮湿黑暗的洞穴中。但不管是在陆地上生活，还是在水中生活的蝾螈，大多数都是要在水中产卵的。

　　从出生到发育成蝾螈，蝾螈所经历的一系列幼态发育的过程称为蜕变。陆栖蝾螈在陆地产卵，幼虫的发育发生在卵内。当幼仔孵化出来后，看上去就像成年的微缩版。而对于水栖蝾螈，在水中产卵，孵化后变成像蝌蚪样的幼虫，最终失去鳃。而有些蝾螈繁殖比较特殊，它们可以不产卵，直接生下完全成形的幼仔。

拓展思考

1. 蝾螈对生存环境有什么要求？
2. 蝾螈的生活习性你知道多少？

湖

泊湿地爬行类动物

　　爬行动物是地球上第一批真正摆脱对水的依赖而且征服陆地的变温脊椎动物，它们可以适应各种各样的陆地生活环境。爬行动物同时也是统治陆地时间最长的一种动物，它们主宰地球的中生代也是整个地球生物史上最引人注目的时代，在那样一个遥远的时代，爬行动物不仅仅是陆地上的绝对统治者，同时还统治着海洋和天空，地球上没有任何一类其他生物有过如此辉煌的历史。

壁虎

Bi Hu

壁虎是爬行类动物，它的身体特征是：身体呈扁平状，四肢短小，脚趾上有吸盘，能在壁上爬行。壁虎的食物主要是吃蚊、蝇、蛾等小昆虫，对人类来讲是有益的动物。壁虎也可以叫做蝎虎。壁虎的主要产地是在我国西南部，以及长江流域以南诸地区，在日本和朝鲜地区也有分布。旧称"守宫"，是古代的"五毒"之一。

※ 壁虎

壁虎是蜥蜴亚目壁虎科所有蜥蜴的通称，自然界中的壁虎大约有80属750种。壁虎对人是没什么威胁的，但是壁虎的叫声却很让人反感。壁虎是小型爬虫类动物，大多都是在夜间活动。壁虎的皮肤柔软，身体肥短，头大，四肢软弱，脚趾有趾垫。大部分的壁虎体长都在3～15厘米之间。能适应由沙漠至丛林的不同环境区域，还有很多壁虎喜欢到人类的住所活动。壁虎的平均寿命大都是在5～7年。

壁虎大多数都具有适合攀爬的足，足趾底部都是平的且具有肉垫状的小盘，盘上依序被有微小的毛状突起，末端叉状。这些肉眼看不到的钩可黏附于物体上那些细小的、看不到的不规则小平面上，使壁虎能在极平滑且垂直的面上行走自如，甚至可以越过光滑的天花板。有些种类的壁虎还具有可以伸缩的爪。大多数壁虎的外形都像蛇一样，在白天活动的被称为是日行壁虎属，日行壁虎属的眼上都有一层透明的保护膜。普通的夜行性壁虎种类，瞳孔纵置，并常分成数叶，收缩时可形成4个小孔。尾部的形状呈长尖型或短钝型，有的甚至呈球形。有些壁虎种类的尾可贮藏养分，如同仓库类的壁虎，这种壁虎即使在不适宜的环境条件下也能够获得储存在尾部的养分，使身体得以正常生存。壁虎的尾部非常脆，很容易断掉，

但是在断后，则可以再生成原状。壁虎的体色通常为暗黄灰色，并带灰、褐、浊白斑；但是产于马达加斯加岛的日行壁虎属，却是鲜绿色型的体色，且白天活动。相异于其他爬虫类动物，壁虎大都具有声音，其叫声有几个特点，一般都是微弱的滴答声、唧唧声、尖锐的咯咯声、犬吠声，根据种类的不同而不同。大多数的壁虎种类都是依靠卵生的方法繁殖后代的，壁虎的卵大都呈白色，且壳质坚硬，通常都产在树皮下或附于树叶背面。在纽西兰的某些地方有几种比较特殊的壁虎则是以卵胎生的方式繁衍后代。

壁虎在全世界各个温暖地区都有分布，在每一洲都可以见到多种的壁虎种类。带斑壁虎是分布最广的北美种壁虎，它的身长可长至 15 厘米，身体呈现出浅粉红色或黄棕色，并带有深色带斑和斑点。蛤蚧是最大的壁虎，长度可达 25～35 厘米，身体呈灰色，并带有红色或乳白色斑点和条纹，它的主要产地在东南亚，喜欢它的动物爱好者在宠物店就可以买到。

◎生物特性

壁虎是蜥蜴目的一种，又被称为守宫。壁虎的身体特征是体背腹呈扁平状，身上排列着粒鳞或杂有疣鳞；脚顶端的趾端扩展，其下方形成皮肤褶襞，密布腺毛，具有粘附能力，可在墙壁、天花板等光滑的平面上迅速爬行。属于壁虎属的壁虎种类大约有 20 种，产于中国地区的有 8 种，比较常见的有多疣壁虎、无蹼壁虎、蹼趾壁虎与壁虎。蜥虎属类的壁虎中国已经发现知道的有 4 种，半叶趾虎属、截趾虎属和蝎虎属的壁虎在中国区各有 1 种，主要分布于华南地区，这几科的动物没有活动的眼睑。壁虎受到外界环境强烈干扰时，它的尾巴可自行截断，以后还再生出来新尾巴。壁虎生活于建筑物内，以蚊、蝇、飞蛾等昆虫为食，喜欢在夜间活动，夏秋的晚上常出没于有灯光照射的墙壁、天花板、檐下或电杆上，白天潜伏于壁缝、瓦角下、橱柜背后等隐蔽阴凉处，并且喜欢在这些隐蔽地方产卵育子，壁虎每次产两枚呈卵白色的、圆形的卵，这些卵的壳容易破碎。有时几个雌体的壁虎将卵产在一起，在孵化 1 个多月之后，就可以孵化出新的壁虎宝宝。壁虎属于可以鸣叫的爬行类动物。

◎生理特征

壁虎大多数的生理特征都和蜥蜴非常相似，但是有一点却是不同的，那就是壁虎没有大脑，它的头部是中空的，头部中间什么也没有。当你从壁虎的一只耳眼看进去，直接可以通过另一只耳眼看到外面。壁虎控制身体的中枢神经系统位于脊髓中。

壁虎的断尾逃跑，是一种"自卫"的表现方式。当壁虎受到外力牵引或者遇到敌害侵袭时，尾部肌肉就会产生强烈地收缩，使尾部断落。掉下来的那一段尾巴，由于其中还有一些神经体在活动，就会出现跳动的现象。这种现象，在动物学说上被称为"自切"。

▶ 知 识 窗 ····················

壁虎逃生的绝技就是扔掉尾巴，在它遇到强敌或被敌害咬住时，挣扎一番后就自动将尾巴脱落，离开身体的尾巴还不停地抖动，以达到迷惑敌人、趁机它自己却逃之夭夭，而过些时候，壁虎的尾巴又能完好如初。这在生物学上叫"残体自卫"或"自截"，不少动物都具有这种本领，"自截"可在尾巴的任何部位发生。但断尾的地方并不是在两个尾椎骨之间的关节处，而发生于同一椎体中部的特殊软骨横隔处。这种特殊横隔构造在尾椎骨骨化过程中形成，因尾部肌肉强烈收缩而断开。软骨横隔的细胞终生保持胚胎组织的特性，可以不断分化。所以尾断开后又可由该处再生出一新的尾巴。再生尾中没有分节的尾椎骨，而只是一根连续的骨棱，鳞片的排列及构造也与原尾巴不同。有时候，尾巴并未完全断掉，于是，软骨横隔自伤处不断分化再生，产生另一只甚至两只尾巴，形成分叉尾的现象。

我国壁虎科、蛇蜥科、蜥蜴科及石龙子科的蜥蜴，都有自截与再生能力。最后要强调的是，壁虎不是无缘无故"弄断"自己的尾巴的，往往是在遇到敌害时，受到一定刺激时尾部肌肉强力收缩加上它的尾椎骨特殊的构造而自动脱落。

┃拓展思考┃

1. 壁虎遇危险断尾是一种什么行为？
2. 壁虎以什么为食？

生活在湖泊湿地的动物

巴西龟

Ba Xi Gui

巴西龟又名红耳龟，秀丽锦龟，麻将龟，七彩龟，红耳龟。头较小，吻钝，头、颈处具黄绿相镶的纵条纹，眼镜后面有 1 对红色斑块。背甲扁平，每块盾片上具有圆环状绿纹，后缘不呈锯齿状。腹甲淡黄色，有着黑色的圆环纹，似铜钱，每只龟的图案均不同。后缘不呈锯齿状。趾、指间具丰富的蹼。花鳖腹部有较大黑斑，性格凶猛，动

※ 巴西龟

作灵活，比较好斗。且表皮粗糙，体薄而裙边宽厚，脂肪色泽金黄。最大甲长 27 厘米，分布区域极广，分为 16 个亚种。通称为巴西龟的密西西比红耳龟也是本种亚种之一，有两只红耳朵，因此巴西龟也叫红耳巴西龟。龟皮肤（除头部前端外）最大的特点是粗糙，表皮均有细粒状或小块状鳞片，有保护真皮、减少与外界的摩擦和减少体内水分蒸发的作用。龟以颈和四肢的伸缩运动来直接影响其腹腔的大小，从而影响肺的扩大与缩小。龟呼吸时，先呼出气，后吸入气，这种特殊的呼吸方式称为"咽气式"呼吸，又称为"龟吸"。

龟的呼吸运动过程，可从龟后肢窝皮肤膜的收缩变化观察到。龟头上有两个鼻孔，可是却只有一个鼻腔，鼻孔内骨块上均覆有上皮黏膜，有嗅觉功能。其中梨鼻器是它们主要的嗅觉器官。由于龟在寻找食物或爬行时，总是将头颈伸得很长，以探索气味，再决定前进的方向。龟的眼睛构造很典型，其角膜凸圆，晶状体更圆，且睫状肌发达，可以调节晶状体的弧度来调整视距，因为龟的视野一般很广，但清晰度差。所以，龟对运动的物体较灵敏，而对静物却反应迟钝。据英国动物学家试验，大多数龟能够像人类一样分辨颜色，尤其对红色和白色的反应较为灵敏。龟的听觉器官只有耳和中耳，没有外耳。而且最外面是鼓膜。所以，龟对空气传播的

声音迟钝。而对地面传导的振动较敏感。正因为如此，一般说来，龟几乎被认为是既哑又聋的动物。

◎巴西龟特征

不少资料都有记载巴西龟是杂食性动物，但是在实际的大规模饲养中，部分个体甚至一生都没有吃过一口植物，说巴西龟是杂食性动物一说的充其量也只能算是个别的罕见情况。实际上人工饲养的巴西龟是名副其实的食肉动物，巴西龟爱吃无骨、无刺的软碎肉（肌肉）、虾肉、鱼肉，最爱吃新鲜虾肉。肥肉、坚硬的干肉、煮熟的肉以及各种粗纤维的食物都是它们最喜欢的。

和其他爬行类动物一样，在体温较低的时候，巴西龟也喜欢柔和的阳光，在体温较高的时候则害怕阳光，养殖户要注意不要一味地用强光照着巴西龟，事实上龟类晒太阳仅仅是为了提高体温让身体便于活动而已，如果温度达到了就不要勉强它们晒太阳，一切以龟的自愿为主。最先引进的确实是巴西龟，它的外形跟红耳龟一样只是没有红色的耳朵，现在已经被红耳龟所取代，而人们也就称红耳龟为巴西龟了。

早期的在港台销售的巴西龟的确是南美洲的巴西龟，后来因为运输成本等各种各样的原因正宗的巴西龟退市了，从而被它的近亲，或者应该说是它的亚种，一种生活在北美的亚种密西西比红耳龟所代替。

正宗的南美巴西龟和北美红耳龟两者之间唯一的区别就是头部两侧的红斑，北美的红耳龟就有这对红斑，南美的巴西龟没有。这两种龟同科同属可以杂交出后代。

◎巴西龟的繁殖

一到求偶期，巴西龟中性成熟的公龟就会主动向母龟抖手。母龟如果也有交配意愿，就会以抖手向公龟做出响应。但母龟若未达性成熟，或没有交配意愿，就会对公龟不理不睬、视而不见。但有时候公龟也会搞错性别，而向另一只公龟抖手，那另一只公龟自然也会不理不睬的。母龟愿意交配，则公龟就会骑在母龟背上，同时从尾巴的泄殖孔伸出生殖器到母龟的泄殖孔内，母龟则将尾巴翻转，露出泄殖孔让公龟的生殖器进入，以便使卵受精。交配后约 1～3 个月（视环境、温度、土壤等而定），母龟会挖洞把蛋产下，再把土盖上，土壤有伪装保护、保温、保湿、通风、送氧的作用，可加速蛋的孵化及保护龟蛋的安全。

生活在湖泊湿地的动物

▶知识窗

　　巴西龟是世界公认的生态杀手，已经被世界环境保护组织列为 100 多个最具破坏性的物种，多个国家已将其列为危险性外来入侵物种。中国也已将其列入外来入侵物种，对中国自然环境的破坏难以估量。"巴西龟"引进作为食用为目的个体大、食性广、适应性强、生长繁殖快、产量高，抗病害能力强，经济效益高的特点，引进后在中国各地均有养殖。"巴西龟"整体繁殖力强，存活率高，觅食、抢夺食物能力强于任何中国本土龟种。如果把它放生后，因基本没有天敌且数量众多，大肆侵蚀生态资源，将严重威胁中国本土野生龟与类似物种的生存。而且在只要适于生存的旅游景点加上民众"积极放生"基本上都可看到满塘皆是"巴西龟"的震撼景象！

　　虽然"巴西龟"寿命仅为 20 几年，但只要达到生殖期，就能顺利交配，顺利孵化，顺利成活，近几年"巴西龟"在中华大地遍地"开花"个体已呈几何状繁衍，占据了大面积属于中国本土龟种的野外生存空间！所以爱好放生的人们切记不要购买巴西龟用来放生，否则放生则会变成"杀生"。

| 拓展思考 |

1. 什么是物种侵略？
2. 除了巴西龟，我国还有哪些引进物种产生了物种侵略？

草龟

Cao Gui

※ 草龟

<big>草</big>龟又被叫做乌龟，中华草龟三线龟，金线龟，墨龟等。属于杂食性，可喂食蟋蟀，蜗牛，面包虫，小鱼，小虾，叶菜及水果等，草龟食量非常大。中华草龟俗称乌龟，是我国龟类中分布最广，数量最多的一种。它全身是宝，具有较高的食用、药用和观赏价值。在国际市场上，中华草龟也是很畅销的。日本、菲律宾以及欧美各国人民将其视为象征"吉祥，延年益寿"之物。乌龟（草龟）体为长椭圆形，背甲稍隆起，有三条纵棱，脊棱明显。头顶黑橄榄色，前部皮肤光滑，后部其细鳞。腹甲平坦，后端具缺刻。颈部、四肢及裸露皮肤部分为灰黑色或黑橄榄色。雄性体型比较小，尾巴相对长一些，有臭味，性成熟时背甲以及腹甲墨黑色，皮肤橄榄绿纹消退，变黑色。雌性背甲由浅褐色到深褐色，腹甲棕黑色，尾较短，体无异味。中华草龟对环境的适应性强，水质条件要求比较低，对不良水质有较大的耐受性，高密度养殖时，无互相残杀现象，患病率低。

◎生活习性

　　乌龟属于杂食性动物，在自然界中，动物性饲料主要有蠕虫、小鱼、虾、螺蛳、蚌、蚬蛤、蚯蚓以及动物尸体及内脏、热猪血等；植物性饲料主要为植物茎叶、瓜果皮、麦麸等。特别是多年的野生龟，因从小鱼、小虾等通过食物链摄取了一种叫 ASTA 的物质，它更加是有很高

生活在湖泊湿地的动物

的食用和药用价值。水陆两栖性。乌龟是用肺呼吸，体表又有角质发达的甲片，能减少水分蒸发。性成熟的乌龟将卵产在陆上，不需要经过完全水生的阶段。明显的阶段性。一是摄食阶段。4月下旬开始摄食，约占其乌龟体重的 2%～3%；6～8 月摄食量旺盛，约占 5%～6%；10 月摄食量下降，约占 1%～2%。二是休眠阶段。乌龟是变温动物，它的体温随着外界温度而变化。从 11 月到翌年 4 月，气温在 15℃ 以下时，乌龟潜入池底淤泥中或静卧于覆盖有稻草的松土中冬眠；5 月到 10 月，当气温高于 35℃，乌龟食欲开始减退，进入夏眠阶段（短时间的午休）。这一阶段乌龟忙于发情交配、繁殖、摄食、积累营养，寻求越冬场所。群居性。乌龟喜集群穴居，有时因群居过多，背甲磨光滑、四肢磨破皮了仍不分散。

◎生长繁殖

　　草龟的自然孵化有两种方法，第一种方法：在亲龟池向阳的墙脚下挖 20～40 厘米宽，20 厘米深（长度不限）的沙坑，然后用黄沙将坑填平，把龟卵按 1 厘米的距离，排在砂土里，要保持一定的湿度，由太阳照晒增温，50～60 天时间即出稚龟；第二种方法：在亲龟池周围堆若干个小砂堆，让成熟的种龟夜间爬上岸，在砂堆处挖穴产卵，任其自然孵化，雌龟体重达 700 克以上，即可用于交配繁殖，雌雄配比 2：1，如雌龟体重超过 700 克，需配较大雄龟才能交配繁殖成功。交配的适宜温度 20°～30°，交配实践多晴天傍晚 5～6 时，雨天在下午 2～4 时。交配过程一般只需 3～5 分钟。大约 50～70 天即出幼龟。乌龟是一种卵生动物。再性成熟前，雌雄龟较难区别，而到性成熟时，雌雄龟从外表特征就能鉴别出来。

　　龟卵的人工孵化是要把采集的龟卵放在高 25 厘米的长方形木箱进行。箱子的底板要钻若干个小孔，底铺 15～20 厘米的细纱，砂上盖湿纱布，要保持室温在 25℃～35℃，每天下午在砂上洒水一次，洒水标准一般用手握砂不成团，不滴水为宜。若空气湿度较大可减少洒水次数。为防害侵袭，可在孵化箱上盖纱罩，这样经 50～60 天可孵出稚龟。

▶知识窗

　　雄龟的尾巴比较细长，基部较粗。泄殖腔离腹甲底部较远。雌草龟的泄殖腔和腹甲底部间的距离比较近。这种方法鉴别雌雄比较精确，但用来鉴定幼龟时，会有失误，因为幼龟发育不完全，之间的差别还不明显。其他雌雄间体型的差别：雄草龟的腹甲上会有轻微的凹痕，母龟则是平坦的。雄草龟随着年龄的增长，身上的颜色越变越深，大部分雄草龟成年后颈部的斑纹会消失，全身变成墨黑色。这也是草龟被叫做"乌龟"的原因。母草龟的体色一般终生不变，体型也比同年纪的雄龟稍大。喂养宠物草龟食物很多，水族店里出售的小鱼苗、小虾。

| 拓展思考 |

1. 草龟原产地是哪里？
2. 草龟特点？

黄喉拟水龟

Huang Hou Ni Shui Gui

黄喉拟水龟为龟科拟水龟属的爬行动物。黄喉拟水龟甲长大约15~-20厘米，头部小，头顶平滑，橄榄绿色，上喙正中凹陷，鼓膜清晰，头侧有两条黄色线纹穿过眼部，喉部淡黄色。背甲扁平，棕黄绿色或棕黑色，具三条脊棱，中央的一条较明显，后缘略呈锯齿状。腹甲黄色，每一块盾片外侧有大墨渍斑。四肢较扁，外侧棕灰色，内侧黄色，前肢五指，后肢四趾，指趾间有蹼，尾细短。

※ 黄喉拟水龟

◎分布地区

黄喉拟水龟分布在越南、日本、台湾岛以及中国的东部、南部、海南、西至云南等地，常见于丘陵地带半山区的山间盆地或河流谷地的水域中，常于附近的小灌丛或草丛中出没。该物种的模式产地在浙江舟山群

岛。分布在偏南方亚热带地区的黄喉拟水龟底板黑斑的斑块，比分布偏北方的温带黄喉拟水龟的底板黑斑的斑块要大些，并成大弧度马蹄形，而分布温带的北种黄喉拟水龟的黑斑块较小，成无弧度的直排列，且前后黑斑之间多数不连贯。更有些北种黄喉拟水龟的底板，黑斑也逐渐退化成只有小点不明显的黑斑痕迹，或成完全无黑斑的底板，俗称"象牙板"。

◎生活习性

野生的黄喉拟水龟栖息一般栖息在丘陵地带，半山区的山涧盆地和河流水域中，野外生活于河流、稻田及湖泊中，也常到附近的灌木及草丛中活动，白天多在水中戏游，觅食，晴天喜在陆地上，有时爬在岸边晒太阳。天气炎热时，经常躲在水里面、暗处或埋入沙中，缩头不动。怕惊动，一旦遇到敌害或晃动的影子，立即潜入水中或缩头不动。夜间出来活动、觅食。黄喉拟水龟杂食性，取食范围广喜食鱼虾、贝类、蜗牛、水草等食物，人工饲养的黄喉拟水龟一般投喂鱼、虾、肉或家禽的内脏。黄喉拟水龟每年的 4 月底至 9 月底活动量大，最适环境温度为 20℃～30℃，15℃左右是龟由活动状态转入冬眠状态的过渡阶段。10℃左右龟进入冬眠。3 月底，温度 15℃左右的时候龟虽然已经苏醒，但是只爬动，不吃食，到 4 月份，温度升至 20℃左右才吃食，冬眠后的龟，体重大约减轻50～100 克左右。在池中饲养，水位可以超过龟壳高度的 2 倍或可能更高一些。但池中须设一个小岛，以供龟休息或晒太阳。

乌龟的冬眠，是龟类应对自然界极端低温气候的一种自我调节方式，这样可以把自身的新陈代谢降到最低点，从而度过气温不足以维持正常活动的季节。这是为适应大自然所形成的一种自我保护。但是不同地区的龟类应对低温是大不相同的。现今阶段，越来越多品种的龟进入国内，在夏季，大多数龟类都比较适合生存。但随着天气的转凉，不同地区不同品种的龟则出现不同的情况，我们不能以一个简单的标准统一对待，统统扔到土里睡觉去。这不但对龟的健康不利，反而可能会让他们丧命。对于大部分龟而言，都喜欢 25℃以上 32℃以下温度，这个温度区间是他们食欲和活动最旺盛的时候。一旦气温跌到 25℃以下，食欲方面会立刻出现变化。如果是室内饲养，则要提供足够潮湿的底材供他们钻。

黄喉拟水龟是在温度降到 25℃以下之后食欲就会大降。在这个时候就要拉长喂食周期，到了 10 月初也就结束了一年的喂食。后面因为温差刺激这些龟的交配欲望。当水温降到 18℃以下之后，他们也就逐渐安静下来，黄喉可以安排在水中冬眠，但一定要时刻保持水质的清洁，否则很

容易腐皮，在室外，它们大多数基本都会钻入土中，因此建议在潮湿的底材中冬眠。而它们自然钻入土中去冬眠的温度往往在 12℃ 以下。在 15℃ ～18℃ 度期间，一般喜欢上岸的黄喉很多是在交配时被咬伤了，才会长期在岸上或者土里。在这之前，它们还是喜欢待在水中。如果室内饲养，就可以利用它们这一本能，12℃ 以下再放入沙或者挪入室内冬眠。

由于这些是本土物种，只要气温不跌到冰点以下，它们都可以很顺利地度过冬天。

▶ 知识窗

黄喉拟水龟的体色变化以头部颜色的变化最快。在活动频繁的季节如改变黄喉拟水龟的栖息环境，也许只需数周或更短的时间，黄喉拟水龟的头部颜色就会发生明显变化。人们还发现：在黄喉拟水龟的原始栖息地，栖息在同一处溪流的大约相同年龄段的黄喉拟水龟，它们四肢及甲壳的颜色基本相同。如栖息在布满黑色鹅卵石的溪流中，黄喉拟水龟的壳色也会渐渐地变成黑色，看上去如同溪流中的一块鹅卵石，估计"石龟"的外号也是由此而生。黄喉拟水龟的体色基本形成南深（色）北浅（色）的趋势。甲壳颜色；南种的大都偏棕黑色、北种棕灰色的较为普遍。头色：由南至北的颜色也是由深向浅的走向：深绿、灰绿、浅绿、越往北越偏黄色。

拓展思考

1. 黄喉拟水龟体型特点有哪些？
2. 黄喉拟水龟对生存条件有何要求？

鳄鱼

E Yu

鳄目是对所有爬虫类动物的统称。通常鳄目的动物是指那些体形巨大、行动笨重的爬行类动物，外表和蜥蜴的外形稍微有些类似，属肉食性动物。鳄鱼的身体强而有力，口中长有许多锥形齿，腿短，有爪，趾间有蹼，尾长且厚重，外表皮很是厚重，并带有鳞甲。目前确认为鳄目的品种一共有 23 种。

※ 鳄鱼

鳄目类这个动物群体之所以能引起人们的特别关注，这主要是因为它在动物的进化史中所占的崇高地位。鳄是现存自然生物中最古老的爬虫类动物，目前的鳄鱼与史前时代的恐龙有很大的血缘关系。同时，有研究发现鳄还是现代鸟类最近亲缘种。各种大量的鳄化石已被发现，其中鳄目的 4 个亚目中已经有 3 个亚目已经绝灭。根据这些古鳄化石的纪录，可以了解鳄和其他有脊椎动物间的亲密关系。

鳄鱼是对广泛分布在世界各地鳄目类的动物统称。具有代表性的鳄鱼就要数湾鳄了，湾鳄是鳄形目鳄科中的 1 种，又被称为海鳄。广泛分布于东南亚沿海直到澳大利亚北部的广大地区。鳄鱼的身体全长一般在 6～7 米，体重大约有 1 吨重，有的湾鳄体长可达到 10 米，是现存爬行类动物体型最大的。湾鳄主要生活在海湾里或远渡大海中。鳄鱼是迄今发现活着的最古老的、最原始的爬行动物，它是在约 2 亿年以前的三叠纪至白垩纪的中生代，由两栖类的恐龙进化而来的，延续至今仍是两栖类，性情凶猛的爬行类动物，它最早是和恐龙生活在同时代的动物，恐龙不管是受环境的影响，还是自身原因的改变，都已灭种变成化石，而鳄鱼仍生龙活虎地活跃在大自然中，向世人证明它的顽强生命力。

首先要了解的是鳄鱼不是鱼，是属脊椎动物爬行虫纲中的一种，是远

古恐龙现存的唯一后代。它可以在水中自由游动，也可以在陆地上自由活动。鳄鱼体胖力大，被称为是"爬虫类之王"。它在陆地上可以用肺呼吸，由于其体内的氨基酸链结构比较发达，这使得鳄鱼的供氧储氧能力较强，因此鳄鱼都具有长寿的特征。鳄鱼的平均寿命，一般都在 150 岁左右。

据古生物学家发现鳄鱼最大的体长可达 12 米，体重重约 10 吨，但是大部分的鳄鱼种类平均体长约 6 米，重约 1 吨。鳄鱼属于肉食性动物，主要是以鱼类、水禽、野兔、蛙等动物为食。

◎分布范围

鳄鱼属于脊椎类爬行动物，主要分布在热带到亚热带的河川、湖泊、海岸中。鳄鱼科属中的鳄鱼种类最多，现存的鳄鱼类共有 20 余种，它们大都性情凶猛暴戾，喜欢以鱼类和蛙类等小动物为食，有时甚至噬杀人畜。

◎生活环境

鳄鱼栖息在淡海水中（河湾和海湾交叉口处）。除了少数鳄鱼生活在温带地区外，大多的鳄鱼都生活在热带亚热带地区的河流，湖泊和多水的沼泽中，也有个别的种类生活在靠近海岸的浅滩中。在生活中有这样的一句话"世上之王，莫如鳄鱼"，鳄鱼具有较好的观赏价值，同时还具有很强的药用保健功效。同时鳄鱼还是名贵的食用佳肴。可以说鳄鱼的全身都是宝，因此世界上有一些国家积极推广发展鳄鱼养殖业。

◎生活习性

鳄鱼是唯一一种生活到现在的类恐龙类古生物。鳄鱼是冷血性的、卵生科动物。在长久的历史进程中，鳄鱼的身体改变非常少，是唯一的可以在水陆中称霸的猎食者及清道夫。鳄鱼属于性情凶猛暴戾类的食肉性动物，喜以鱼类和蛙类等小动物喂食，有时还会发生噬杀人畜的事情，鳄鱼属于脊椎类两栖爬行动物。世界上现存的鳄鱼类有 20 余种，我国的扬子鳄，泰国的湾鳄以及逻罗鳄等都是比较有名的鳄鱼品种。广州市番禺养殖场是我国目前最大的鳄鱼养殖基地，该场占地面积近 70 公顷，拥有湾鳄、逻罗鳄、扬子鳄、南美短吻鳄等鳄鱼品种，共有约近 10 万条的鳄鱼。

我国到汉代的时候才知道南方有鳄。据唐宋记载，明清时节以后，在沿海岛屿就可以见到鳄鱼的出现。俗话说"鳄鱼的眼泪"，其实这是真的，鳄鱼真的会流眼泪，只不过那并不是因为它伤心，而是它在排泄体内多余的盐分。鳄鱼肾脏的排泄功能发育并不完善，体内多余的盐分，要通过一

种特殊的盐腺才能排泄出来。位于鳄鱼的眼睛附近正好有盐腺的存在。除鳄鱼外，在海龟、海蛇、海蜥和一些海鸟身上，也有类似的盐腺体。盐腺使这些动物能将从海水中食取的多余盐分排出体外，从而得到可以供身体吸收的淡水，而盐腺是它们天然的"海水淡化器"。

◎环境

鳄鱼喜欢在淡水江河边的林阴、丘陵处营巢，它们喜欢在距离河岸大约 4 米的地方，用树叶丛荫构成的陆地上，用尾巴扫出一个 7～8 米的平台，台上建有直径 3 米的巢，用来安放要孵化的卵，每巢大约有 50 枚左右的卵；卵多为白色，每个卵约有 80×55 毫米的大小；在孵卵的时候，母鳄鱼守候在巢侧，时时甩尾巴洒水湿巢，使卵巢中保持 30℃～33℃ 的温度，经过 75～90 天孵化就可以孵出小鳄鱼了。一般雏鳄在出壳时，它的体长就在 240 毫米左右，1 年后就可长到 480 毫米，3 年可达 1156 毫米，重 5.2 千克左右。

鳄鱼性情凶猛不驯。成年后的鳄鱼经常潜伏在水下，只把眼睛和鼻子露出水面进行呼吸。鳄鱼的耳目灵敏，在受惊时，会迅速下沉到水底。鳄鱼喜欢在午后浮出水面晒日光浴，夜间鳄鱼的目光明亮，幼鳄的目光中带红光。鳄鱼在每年的 5～6 月份交配繁殖，它们可以连续数小时的交配，而受精的时间仅有 1～2 分钟；7～8 月份是鳄鱼的产卵期。雄鳄喜欢独占一片自己的领域，对闯入者实行驱斗。在鳄鱼的世界里通常都是一雄率拥群雌。鳄鱼的咀嚼力很强，能碎裂硬甲，所以在平常的生活当中，鳄鱼除去吃食鱼、蛙、虾、蟹等小型动物外，也吃小鳄、龟、鳖等带有坚硬外壳的动物。

◎孵化

鳄鱼主要是利用太阳热和杂草受湿发酵的热量对卵进行孵化的。幼鳄的性别是由孵化过程中的温度决定的，但母鳄一般会使儿女的出生比例得到平衡。它们通常都会把巢建在温度较高的向阳坡上，也有的会将巢建在温度较低的低凹遮蔽处。

◎适应性

鳄鱼之所以能从 1 亿年前存活至今，是因为它是迄今为止人们所知道的、对环境适应能力最强的动物。鳄鱼对环境超强的适应性主要表现在以下几个方面：

1. 鳄鱼的头部进化十分精巧。可以使鳄鱼在狩猎时保证仅将眼耳鼻

露出水面，极大地保持了自身的隐蔽性。

2. 是爬行动物中，心脏最发达的动物。正常的爬行类动物只有 3 个心房，而鳄鱼的心脏有 4 个心房，近似达到了哺乳动物的水平。

3. 鳄鱼的心脏能在鳄鱼捕猎时将大部分的富氧血液运送到尾部和头部，极大增强了鳄鱼的爆发力。

4. 鳄鱼的大脑已经进化出了大脑皮层，因此鳄鱼的智商是不可估量的。

5. 鳄鱼的肝脏可在腹腔中前后移动，很好地调节自身的身体重心着重点。

知识窗

在我国古代很早就已经有有关鳄鱼的记载，《礼记》中就曾记载了有关鳄鱼的事迹，到唐代，大文豪韩愈就以鳄鱼为题，写出《祭鳄鱼文》的讨贼文，义正辞严，吓退鳄患。

人们的心目中，鳄鱼就是"恶鱼"。一提到鳄鱼，立刻会想到血盆大口，密布的尖利牙齿，全身坚硬的盔甲，时刻准备吃人的神态。鳄鱼的视觉、听觉都很敏锐，外貌看似笨拙其实动作十分灵活。鳄鱼长这副模样就是为了吃肉，所有的动物包括人都是它的食物，再凶猛的动物见了它也只能以守为攻主动避让，绝不敢轻易招惹它。

白垩纪晚期是哺乳动物进化史上的一个重要时期，在那段时间里，许多种群开始分化，以适应在不同的小环境下生存。生物学家戴维·克劳斯说："鳄鱼从白垩纪晚期开始，就不断进行着不同的进化改变，为了可以适应不同生存环境，有的大到 5 米长，有的小到不足 1 米。

鳄鱼是自然界中已灭绝物种和现代动植物之间关系的证明，对人们研究过去的地理结构有很大的帮助。以往北半球发现的化石比较丰富，在马达加斯加的发现之前，有关南半球，冈瓦纳古陆的化石非常少。对物种在南半球跨大陆发现的早期理论认为，如今的各大陆之间，在远古是有巨大的"桥"相连。但现在，科学家们认为非洲大陆是在 1.65 亿年前，从冈瓦纳古陆分离出去的。而印巴次大陆、马达加斯加、南美洲、南极洲连在一起的时间较长，因此植物和动物得以分散到各处。

拓展思考

1. 人们常说鳄鱼的眼泪信不得，那鳄鱼的眼泪有什么作用？

2. 鳄鱼从什么时期起就生活在地球了？

螃 蟹

Pang Xie

螃蟹是甲壳动物，属于十足目，节肢动物门。螃蟹有坚硬的外壳保护着，它靠鳃呼吸。在生物分类学上，螃蟹与虾子、龙虾、寄居蟹算是同类的动物。绝大多数种类的螃蟹生活在海里或靠近海洋，当然也有一些螃蟹栖于淡水或住在陆地。它们靠母蟹来生小螃蟹，每次母蟹都会产很多的卵，数量可达数百万粒以上。我们知道，螃蟹是横着走的，那它靠什么来判断方向呢？其时，它是依靠地磁场来判断的。

※ 螃蟹

◎不要生吃螃蟹

不能够生吃螃蟹，据有关研究发现，活蟹体内的肺吸虫幼虫囊蚴感染

率和感染度很高，肺吸虫寄生在肺里，刺激或破坏肺组织，能引起咳嗽，甚至咯血，如果侵入脑部，则会引起瘫痪。据专家考察，把螃蟹稍加热后就吃，肺吸虫感染率为 20％，吃腌蟹和醉蟹，肺吸虫感染率高达 55％，而生吃蟹，肺吸虫感染率高达 71％。肺吸虫囊蚴的抵抗力很强，一般要在 55℃的水中泡 30 分钟或 20％盐水中腌 48 小时才能杀死。生吃螃蟹，还可能会感染副溶血性弧菌。副溶血性弧菌大量侵入人体会发生感染性中毒，表现出肠道发炎、水肿及充血等症状。所以，不能图鲜而生吃螃蟹，否则会受一系列细菌感染的的。

◎螃蟹的生活习性与繁殖

螃蟹一般生活在海里或者靠近海边的地方。螃蟹的成长过程为：产卵，经过几次退壳后，长成大眼幼虫，大眼幼虫再经几次退壳长成幼蟹，幼蟹外型几乎与成蟹相同，再经过几次退壳后就变成蟹。大部分的海水蟹类都是卵成熟后，不孵化直接排放于海洋。螃蟹甲壳坚硬，这样可以保护自己不遭受到天敌侵害，但是甲壳并不会随着身体成长而扩大。所以螃蟹生长是间断性，也就是相隔一段时间，旧壳蜕去后身体才会继续成长。地球上体型最大的螃蟹是蜘蛛蟹，它们的脚张开宽达 3.7 米，最小的螃蟹是豆蟹，直径不到 0.5 厘米。螃蟹虽小，但是五脏俱全，是非常有营养的一种食物。

经常吃螃蟹的都知道，把螃蟹的硬壳去掉以后，螃蟹的身体还有一部分受到壳的保护，看上去比较像盾，生物学家称其为背甲（carapace）。螃蟹身体左右对称，可区分为额区、眼区、心区、肝区、胃区、肠区、鳃区。螃蟹身体的两边有附属肢（appendage）连接。头部的附属肢称为触角，具备触觉与嗅觉功能，有些附属肢有嘴部功能，用来撕裂食物并送入口中。螃蟹胸腔有五对附属肢，称为胸足。位于前方的一对附属肢具有强壮的螯，可为觅食之用。其余的四对附属肢就是螃蟹的脚，螃蟹走路移动要依靠这四对附属肢，它们走路的样子独特且有趣，它们一般都是横着走的。但是也有例外的，和尚蟹就是直着走。

螃蟹从不挑食，只要螯能够弄到的食物它们都吃。小鱼虾是它们的最爱，不过也有一些螃蟹吃海藻，甚至于连动物尸体或植物都能吃。螃蟹吃别的动物，其他动物也可能吃螃蟹。人类就把螃蟹当美食佳肴，还有水鸟也吃螃蟹，有些鱼类也像人类一样喜爱吃蟹脚。年幼未成年的幼蟹成群在海中浮游时，可能会被其他海洋生物狼吞虎咽，也因此螃蟹产卵时都要下很多的卵，这样才能保证子孙后代的充盈。

我们知道，螃蟹一般都是横着走，它们是靠地磁场为判断方向的，那为什么螃蟹要横着走呢？在地球形成以后的漫长岁月中，地磁南北极已发生多次倒转。地磁极的倒转使许多生物无所适从，甚至造成灭绝。螃蟹是一种古老的洄游性动物，它的内耳有定向小磁体，对地磁非常敏感。由于地磁场的倒转，使螃蟹体内的小磁体失去了原来的定向作用。为了使自己在地磁场倒转中生存下来，螃蟹采取"以不变应万变"的做法，干脆不前进，也不后退，而是横着走。虽然是一个很笨的方法，但却给它们提供适应地球变化能力。

从生物学角度来看，蟹的头部和胸部从外表上是无法区分的，因而就叫头胸部。这种动物的十足脚就长在身体两侧。第一对螯足，既是掘洞的工具，又是防御和进攻的武器。其余四对是用来步行的，叫做步足。每只脚都由七节组成，关节只能上下活动。大多数蟹头胸部的宽度大于长度，因而爬行时只能一侧步足弯曲，用足尖抓住地面，另一侧步足向外伸展，当足尖够到远处地面时便开始收缩，而原先弯曲的一侧步足马上伸直了，把身体推向相反的一侧。由于这几对步足的长度是不同的，螃蟹实际上是向侧前方运动的。其实，不是所有的螃蟹都是横着走的，群生活在海滩的腕和尚蟹都可以向前行走，而且生活在海藻中的很多蜘蛛蟹都能在海藻上垂直行走。

当然，对于螃蟹为什么横着走，人们也做了相当多的实验。人们通过实验发现螃蟹体内的与肢相连的骨眼（肌肉束通过的地方），对于每条肢都有上下两个骨眼（即两束肌肉）与之相连，而且其肢基部关节弯曲方向是背腹方向，所以当肌肉收缩时，便牵动肢沿背腹方向运动，因此螃蟹才是横着走的。

| 拓展思考 |

1. 螃蟹为什么横着走？
2. 螃蟹以什么为食？

湖泊湿地兽类

第五章

HUPOSHIDISHOULEI

　　兽类与人类有着密切的关系，这一类动物均属于脊椎动物中的哺乳纲，都是由爬行类进化而来的。除大型动物豺、狼、虎、豹以外，老鼠、蝙蝠、刺猬等这些小型动物也是兽类。除供应人类肉食、毛皮和役用外，有的还具有很高的科学价值。

生活在湖泊湿地的动物

江豚

Jiang Tun

江豚，又被叫做江猪、乌忌、露脊鼠海豚，是鼠海豚科的一个物种。江豚和其他海豚最大的区别特征是它没有背鳍。江豚全身铅灰色或者灰白色。体长约 120～190 厘米，体重 100～220 千克，头部钝圆，额部隆起稍向前凸起；江豚的头部较短，近似圆形，额部稍微向前凸出，吻部短而阔，上下颌几乎一样长，吻较短阔。牙齿短小，左右侧

※ 江豚

扁呈铲形。眼睛较小，很不明显。前 5 个颈椎愈合，肋骨通常为 14 对。身体的中部最粗，横剖面近似圆形。背脊上没有背鳍，鳍肢较大，呈三角形，末端尖，长约为体长的 1/6。具有 5 指。尾鳍较大，分为左右两叶，呈水平状。两尾叶水平宽约为体长的 1/4。背的后关部对尾鳍有较明显的隆起鳍，在应该有背鳍的地方生有宽 3～4 厘米的皮肤隆起，并且具有很多角质鳞。全身为蓝灰色或瓦灰色，腹部颜色浅亮，唇部和喉部为黄灰色，腹部有一些形状不规则的灰色斑。一些个体在腹面的两个鳍肢的基部和肛门之间的颜色会变淡，有的还带有淡红色，特别是在繁殖期的时候更加明显。它们的身体颜色在死亡后才会变黑。

◎分布地区

江豚分布在亚洲的印度洋及太平洋热带、亚热带和温带的沿岸海域，又或者是一些大河流，西阿拉伯海的波斯湾、巴基斯坦、孟加拉湾；南至新加坡、印尼、马来西亚至南中国海。在香港，它们与中华白海豚一样，都是香港的原住民。

◎生活习性

　　江豚不太有活力，不容易见到。不同地区的江豚性格也会有点不同（例如在香港生活的就比较害怕人类），有些地方的江豚会主动跟着船只一起游泳，但是大部分的江豚都害怕船只，所以不会靠近。江豚的妊娠期是11个月，它们多会在晚春至早夏繁殖。当小江豚生下来后，它们会黏着江豚妈妈的背部，跟随着母亲畅泳，小江豚会在6—15个月内断奶。江豚主要食物是鱼，但亦会进食虾及鱿鱼。江豚通常栖于咸淡水交界的海域，也能在大小河川的下游地带等淡水中生活。江豚喜单独活动，有时也结成2～3只的小群，但也有87只在一起的记录。江豚食性较广，以鱼类为主，也取食非鱼类，如虾类和头足类动物。江豚能发出两大类声信号，高频脉冲信号由一连串的单个高频窄脉冲所构成，一般在20～120个之间，为声纳信号或称为回声定位信号，主要是在探测环境、捕食时发出；低频连续信号为时间连续信号。由于频率的高低不同，人耳听起来有的像羊叫，有的似鸟鸣。它与白鳍豚基本上是不会在一起的，但是偶尔也会在一起共同嬉戏。江豚对水温的适应范围很广，从4℃～20℃均能够正常地生活。它的性情活泼，常在水中上游下窜，身体不停地翻滚、跳跃、点头、喷水、突然转向等动作。侧游时尾鳍的一叶露出水面，左右摇摆，从空中划过。受到惊吓后便急速游动，然后一次或连续数次使身体腾空，大部分露出水面，仅尾叶在水中向前滑行，偶尔全部身体都跃出水面，高度达到0.5米。直立游动的时候，它们身体的2/3都露出在水面上，与水面保持垂直的姿势，它们可以持续这样数秒钟。

　　每次当江上有大船行驶，江豚就会紧紧地跟在后面顶浪或者乘浪起伏。它还有吐水行为，将头部露出水面，一边快速地向前游进，一边将嘴一张一合，并不时从嘴里喷水，有时可将水喷出60～70厘米远。呼吸时仅露出头部，尾鳍隐藏在水下，然后呈弹跳状潜入水下。呼吸间隔一般为1分钟左右，但是如果受到惊吓，下潜的时间可达8～9分钟。一般入水时不弓着腰，在水下停留的时间就不会很久，但下潜时弓腰的幅度很大，则表示将要深潜，不会连续出水。当顺流游动时，下一次出水的位置一般在前一次出水位置之前10米左右，傍流时一般在前一次出水位置之前5米左右，但是在逆流的时候只能前进3米左右。

　　如果即将发生大风天气，江豚的呼吸频率就会加快，露出水面很高，头部大多朝向起风的方向"顶风"出水，在长江上作业的渔民们把它的这种行为称为"拜风"。这可能是天气变化之前气压较低，使它不得不增加

呼吸频率，以获得足够的氧气。它的食物包括青鳞鱼、玉筋鱼、鳗鱼、鲈鱼、鲚鱼、大银鱼等鱼类和虾、乌贼等，随着所处的环境不同而改变。觅食的时候它们首先会快速游动，大多数是深潜，露出水面频繁，呼吸声也较大，有时嘴上还沾有污物，在水面激起数 10 厘米高的涌浪。发现猎物后就向前猛冲，接着快速转体、用尾叶击水、搅水，驱赶鱼群，使其惊散。接着快速游动，迅速接近猎物，头部灵活地转动、摆动以便准确定位。咬住猎物后，将鱼头调整为正对着咽喉的方向快速吞下，然后再进行下一次捕食，也有时将较小的数条鱼都衔在口中后，再一次吞下。饱食后便缓慢地游动或悬浮在水中。如果集体发现鱼群，就协调行动，彼此分开游动，潜水不深，游动方向不定，常伴有前扑和甩头的动作，将猎物包围，被追逐的数十乃至上百条银白色的小鱼被迫跳出水面，使水面一片银光闪闪，场面非常壮观。江豚捕食的时候，空中盘旋的鸥类就会很快地赶过来，趁小鱼露出水面的时候不停地飞速掠过水面，然后抢食小鱼。

◎生长繁殖

江豚的孕期是 11 个月，它们多会在晚春到早夏期间繁殖。当小江豚生下来以后，它们会黏着江豚妈妈的背部，跟随着母亲畅泳，而小江豚会在六到十五个月以内断奶。江豚的交配从雄兽和雌兽之间的热烈追逐开始到交配结束，一般需要 30～60 分钟，一天之中可以出现十多次，而且昼夜不分。雄兽在追逐雌兽时腹部及尾柄前后游动，有翻滚、侧游、仰游等多种姿势，水面常常被搅得波浪不止，水花四溅。伴游的时候，雄兽和雌兽平行露出水面或潜入水中，身体不同部位触碰、相蹭，有时它们还用吻端相碰，吻触对方生殖部位等，逐渐引发交配。

分娩之前 10 天左右。雌兽的呼吸频率一天一天增高，食量会逐渐减小。到分娩之前 5 天时乳裂、生殖裂逐渐涨大，张开，乳头外突。游泳时常停止于水面，身体左右晃动，好像失去平衡一样。分娩开始前约 25 小时，外阴部进一步张开，阴道口有乳白色液体流出。分娩时阴道口叉开，每隔 3 分钟左右上下急游、翻滚一次，大约持续 2～3 分钟后缓慢游动，间歇 3 分钟后再次急游。每次急游时，雌兽便开始用力，这样幼仔就可以产出来一点，但一松劲，仔豚就又缩进去了。一直到一次间歇之后，雌兽突然持续用力，才将胎儿整体娩出，幼仔马上奋力向上游动，雌兽则腹面朝上，身体朝着同幼仔相反的方向游动，拉断脐带。幼仔顺势冲出水面，呼吸空气。整个分娩过程需要经历大约 160 分钟左右。

江豚的雌兽每年的 10 月份生产，一般情况下一胎只有一仔。雌兽有

明显的保护、帮助幼仔的行为，表现为驮带、携带等方式，非常有趣。驮带时，幼仔的头部、颈部和腹部都紧贴着雌兽斜趴在背部，呼吸时幼仔和雌兽相继露出水面。幼仔长大一些后，雌兽就常用鳍肢或尾叶托着幼仔的下颌或身体的其他部位游动，呼吸时也相继露出水面。携带的方式更为常见，雌兽和幼仔靠得很近，相距大约 5～10 米远，但身体并不接触，也是前后相继露出水面。授乳时，雌兽和幼仔常出没在水较浅、较缓的区域，雌兽身体稍微侧向一边，将一侧鳍肢露出，幼仔则紧贴雌兽的腹部，每次授乳的时间大约为 5～10 分钟。有时雄兽也参与抚养幼仔，让幼仔游在雄兽与雌兽之间，但一般更靠近雌兽，"一家子"在水中同时沉浮，几乎平行地露出水面。江豚雌兽的母性非常强，假如幼仔不幸被捕捉到，雌兽通常情况下都不忍心丢弃，因此一般也会同时被捕。

▶ 知识窗

长江江豚是江豚唯一的淡水亚种，仅分布于长江中下游干流以及洞庭湖和鄱阳湖等区域中，在地球生活已有 2500 万年。2006 年，中国联合 7 个国家调查长江干流江豚，为 1200 多头，种群数量已经少于大熊猫。宜昌到上海水域，野生江豚数量每年下降 6.4%，如果不加以保护，估计多年后，野生江豚将灭绝。由于自然环境的变迁、水位下降、水质恶化、江湖淤积、食饵减少等给江豚的繁殖与生长带来了威胁。加之，滥捕对亲豚和幼豚杀伤力极大，导致长江、洞庭湖江豚资源锐减。因此，加强江豚资源保护刻不容缓。中国虽已将江豚列入国家二级保护动物，但尚无其他配套保护措施。因此设江豚自然保护区，开展人工驯化繁育研究，采取放流幼豚增殖资源，确保江豚世代繁衍，意义非常重大。

| 拓展思考 |

1. 江豚对生存条件有怎样的要求？
2. 江豚以什么为食？

水獭

Shui Ta

水 獭是一类水栖的肉食性哺乳动物，在动物分类学中属于亚科级别，称为水獭亚科，现存 7 个属及 13 个物种。又叫做獭、獭猫。水獭为世界珍贵的毛皮动物，是国家二级重点保护动物。水獭身长 70～75 厘米，扁平的尾巴长达 50 厘米；头扁耳小脚短，趾间有蹼；有一层非常短而密（密度达到 1000 根/平方毫米）的细软绒毛，以保持身体的干燥和温暖；背部深褐色有光泽，腹部颜色较淡。所有的水獭都具有细长、流线型的身体结构，身体优美灵活，四肢较短。大多数都具有锋利的爪子。

※ 水獭

◎分布地区

水獭分布在北非和欧亚大陆以及它的邻近岛屿，中国各地都有栖息，以长江下游的江苏、浙江等多水域地区为主要栖息地，以西藏和东北大、

小兴安岭地区所产的水獭个体大而且皮毛质量好。水獭共有10多个品种，中国最少有5种。

◎生活习性

　　水獭喜欢在通透性比较好的水域里追捕鱼群，也常候在岩边或者水中露头的岩石上猎食，靠着灵敏的视、听、嗅觉和矫健的泳术觅得食物。它的食物以鱼为主，也捕食蟹、蛙、蛇、水禽以全各种小型动物。性凶猛，在遭到猎犬围捕时，敢于向身形较大的进攻者发起反抗，常有咬死猎犬的记载。它们善于游泳和潜水，一次可在水下停留2分钟。捕起鱼来像猫捉老鼠一样快捷，捕食前常在水边的石块上伏视，一旦发现猎物，即迅速扑捕。水獭嗜好捕鱼，即使饱腹之后，它们还会无休无止地捕杀鱼类，因而对养鱼业危害极大。但聪明伶俐的水獭，经过半年训练，就可以成为一名为渔民效劳的捕鱼能手，被渔民亲切称为（鱼猫子）。

　　水獭一般在深水抓到鱼，然后会把鱼拖到浅水滩吃，它们也吃蟹。水獭遇到危险便潜入水中，靠身体内储备的氧气可以在水下待到5～15分钟。在潜入水中时，它们的耳、鼻都会封闭起来，眼睛则由一层透明的薄膜保护。水獭的身材为流线型，它们的皮毛具有防水性。它们喜群居生活，有的一雌一雄，有的一家老小住在一起。

◎生长繁殖

　　1月份是水獭的交配期，4～5月生产，水獭每年可以繁殖两次。雌獭怀孕期有五十多天，一次产仔獭1～3只。仔獭的生长发育非常慢，通常要在出生后一个多月才睁开眼睛。母獭在哺乳期内，对孩子关怀备至，除了外出捕食外，几乎整天陪伴着子女。出生两个月后，幼獭开始练习游泳，初下水的小水獭显得极其兴奋而且激动，但是又会感到十分惊恐，紧紧抓住双亲的尾巴，还顽皮地不断翻滚着。所有的水獭都会齐心协力维护它们的堤堰和水道。

▶知识窗

　　有关野外白化水獭的记录非常少见，在博物馆以外的地方，人们几乎无法发现它们的踪影。已经成年的白化水獭，并不会因为白色的外衣让自己的生存处于不利地位。

　　水獭生有柔软而隔热的下层绒毛，并且受到外层长毛发的保护。外层毛发能够"捕获"空气形成一个保温层，让它们在水下活动时得以保持身体的干燥和温暖。欧亚水獭每天摄入的食物重量必须达到体重的15％。在较为温暖的水域，它们需要每小时捕食85克鱼，才能顺利生存下去。绝大多数水獭每天的捕猎时间为3～5小时。

虽然鱼是水獭的主要食物，但它们也会捕食青蛙和甲壳类动物。水獭家族的一些成员早已成为"开壳"高手。绝大多数水獭生活在水边，大部分时间在水中活动和打猎。为了保护皮毛不被水浸透，它们也会频繁地返回干燥的陆地。

2009年3月，国际水獭生存基金让一只水獭幼仔感受到人类的温暖。能够发现这只小水獭还要感谢两名少年，当时他们正在滑雪橇，小家伙搭了一个顺风车，跟他们回到了家。据悉，这只水獭幼仔是2009年2月在法夫的温迪盖茨灌木丛下方的积雪中发现的。

| 拓展思考 |

1. 水獭的体形特征是什么？
2. 水獭对生活环境的要求是什么？

生活在湖泊湿地的动物

水 貂

Shui Diao

水貂又叫做美洲水貂，它的体形细长，雄性体长 38～42 厘米，尾长 20 厘米，体重 1.6～2.2 千克，雌性较小。体毛黄褐色，颌部有白斑，头小，眼圆，耳呈半圆形，稍微高出头部并倾向前方，不能摆动。颈部粗短。四肢粗壮，前肢比后肢略短，指、趾间具蹼，后趾间的蹼较明显，足底有肉垫。尾细长，毛蓬松。

※ 水貂

◎生活习性

在野生的情况下，水貂主要生活在河边、湖畔和小溪，利用天然洞穴营巢，巢洞长约 1.5 米，巢内铺有鸟兽羽毛和干草，洞口开设于有草木遮掩的岸边。水貂性情凶猛而又孤僻，喜欢单独活动。它的食性非常杂，它们靠捕食鼠、兔、娃、鱼为主，也吃野果。水貂听觉、嗅觉灵敏，活动敏捷，善于游泳和潜水，常在夜间以偷袭的方式猎取食物，性情凶残。除交配和哺育仔貂期间外，均单独散居。水貂栖息于河边及湖边，在岸边以天然洞穴为窝。洞穴的入水口在水面以上，用来防止水的浸入，洞穴中铺有动物毛及干草。水貂夜间出来活动，其行动敏捷，善于游泳和潜水，特别是炎热的夏天更喜欢在水中活动。冬天到来之前，它们会在洞里面储备粮食。

◎生长繁殖

水貂在春季发情，孕期大约为 46 天，每胎 5～6 仔，哺乳期 40～50 天，9～10 个月性成熟。寿命 15～20。水貂每年仅仅繁殖 1 次，2～3 月为交配，4～5 月产仔，一般胎产仔 5～6 只。仔貂 9～10 月龄性成熟，

2～10 年内有生育能力，寿命 12～15 年。每年春秋季各换毛一次。北美水貂一般在 3～4 月间产仔，每年仅产 1 胎，孕期为 50 天。野生的水貂通常情况下每胎产仔 4～5 只。

| 拓展思考 |

1. 水貂生活在哪里？
2. 水貂一年繁殖几次？

麋鹿

Mi Lu

麋鹿属于鹿科，又被叫做大卫神父鹿，又因为因为它的头脸像马、角像鹿、颈像骆驼、尾像驴，所以又叫做四不像。原产于中国长江中下游沼泽地带，以青草和水草为食物，有时到海中衔食海藻。曾经广泛分布在东亚地区。后来由于自然气候变化和人为因素，在汉朝末年就近乎绝种。元朝的时候，为了以供游猎，残余的麋鹿被捕捉运到皇家猎苑内饲养。到 19 世纪时，只剩下在北京南海子皇家猎苑内一群。在西方发现后不久被八国联军捕捉并从此在中国消失。麋鹿是中国国家濒危物种、一级保护动物，同时也是世界珍稀动物。曾经一度在中国消失长达百年时间，1985 年，麋鹿从欧洲重回故土，繁育在北京南海子。迄今为止，国内已有北京、江苏大丰、湖北石首、河南原阳 4 处麋鹿繁育基地，麋鹿总数量增至约 3000 头。

麋鹿是一种大型食草动物，体长 170～217 厘米，尾长 60～75 厘米，

※ 麋鹿

肩高达 122～137 厘米，体重120～180 千克，雌性体形比雄性略小。仅雄鹿有角，颈和背比较粗壮，四肢粗大。主蹄宽大能分开，趾间有皮健膜，侧蹄发达，适宜在沼泽地行走。夏毛红棕色，冬毛灰棕色；初生幼仔毛色橘红，并有白斑。雌性头上无角，雄性角的形状特殊，没有眉杈，角干在角基上方分为前后两枝，前枝向上延伸，然后再分为前后两枝，每小枝上再长出一些小杈，后枝平直向后伸展，末端有时也长出一些小杈，最长的角可达 80 厘米。头大，吻部狭长，鼻端裸露部分宽大，眼小，眶下腺显著。四肢粗壮，主蹄宽大、多肉，有很发达的悬蹄，行走时带有响亮的磕碰声。尾特别长，有绒毛，呈灰黑色，腹面为黄白色，末端为黑褐色。夏季体毛为赤锈色，颈背上有一条黑色色的纵纹，腹部和臀部为棕白色。9月以后，体毛被较长而厚的灰色冬毛所取代。麋鹿喜欢群居生活，善于游泳，喜欢以嫩草和一些水生植物为食。

◎分布地区

麋鹿的原产地在中国长江中下游沼泽地带，它们以青草和水草为食物，偶尔也会到到海中衔食海藻，在 3000 年以前相当繁盛。主要分布在中国的中、东部，日本也有，东海、黄海及其附近海域也曾发现麋鹿的化石。之后因为自然气候变化和人类的猎杀，在汉朝末年就近乎绝种，元朝时，蒙古士兵将残余的麋鹿捕捉运到北方以供游猎，此时的麋鹿在自然界已经灭绝。1866 年，被法国传教士大卫发现并寄回法国，由法国动物学家米勒·爱德华确定拉丁种名，各国公使用贿赂、偷盗等手段，千方百计为自己国家动物园搞到几只。1894 年永定河泛滥，冲毁皇家猎苑围墙，残存的麋鹿终于逃出，但是被饥民和后来的八国联军猎杀抢劫，从此以后，麋鹿在中国消失。

1898 年，英国 11 世贝福特公爵花重金将流散到巴黎、安特卫普、柏林和科隆的 18 头麋鹿全部购回，放养到乌邦寺庄园，到第二次世界大战结束，乌邦寺庄园的麋鹿已经繁殖到 255 头，为了防止它灭绝，开始向各国动物园疏散。

在世界动物保护组织的协调下，英国政府决定无偿向中国提供麋鹿种群，使麋鹿回归家乡。1985 年提供 22 只，放养到原皇家猎苑——北京大兴区南海子，并成立北京南海子麋鹿苑。1986 年又提供 39 只，在江苏省大丰市原麋鹿产地放养，并成立自然保护区。

回归后的麋鹿繁殖非常快，1994 年，中国政府又在湖北省石首市天鹅洲成立了第二个麋鹿保护区，从北京陆续迁过去 90 多只。虽然目前为

止，世界上麋鹿的总数已经繁殖达到 4000 头。但是麋鹿仍是一个濒危物种。

◎生活习性

雄性麋鹿之间会为争夺配偶而产生角斗，但是角斗非常温和，没有激烈的冲撞和大范围的移动，角斗的时间一般不超过 10 分钟，失败者只是掉头走开，胜利者不再追斗，很少发生鹿之间的伤残现象。公鹿占群后，其他公鹿窥视母鹿的时候。占群公鹿仅用吼叫和追逐等方式赶走对方。以上这些特点决定了它们逃避敌害的能力差，较易被天敌和人类捕杀。麋鹿主要采食水生和陆生的禾本科以及豆科植物，食性狭窄也是使麋鹿的生存受到威胁的一种自身因素。

◎生长繁殖

麋鹿的求偶发情在 6 月底开始，持续 6 周左右，7 月中、下旬达到高潮。雄兽性情突然变得暴躁，不仅发生阵阵叫声，还以角挑地，射尿，翻滚，将从眶下腺分泌的液体涂抹在树干上。雄兽之间时常发生对峙、角斗的现象。雌兽的怀孕期为 270 天左右，是鹿类中怀孕期最长的，一般于翌年 4～5 月产仔。初生的幼仔体重大约为 12 千克，毛色橘红并有白斑，6～8 周后白斑消失，出生 3 个月后，体重将达到 70 千克。麋鹿在 2 岁的时候可以达到性成熟，它的寿命为 20 岁左右。

◎生存威胁

现生麋鹿被称为达氏种，从已发现的化石来看，麋鹿属中还有 4 种，就是双叉种、晋南种、蓝田种和台湾种。麋鹿是一种仅限于第四纪中后期的动物，从已知的全国 243 多个麋鹿化石出土地点确认，历史上麋鹿的分布区西至山西的汾河流域，北至辽宁的康平，南到浙江余姚，东到沿海平原及岛屿。到了晚更新世，麋鹿种群迅速发展，到全更新世中期达到鼎盛，但商周以后麋鹿迅速衰落。

原始人类由于人口密度低、生产力水平低，不构成对麋鹿的威胁。而商周以后，由于自然变迁、麋鹿自身的原因和人为干扰等因素，造成了麋鹿的不断减少。

从自然因素看，由于麋鹿是一种喜欢温暖湿润的动物，然而中国近5000 年来的气温一直在逐渐变冷，沼泽和水域也明显减少，自然环境的变化对麋鹿有较大的影响。

从自身因素看，麋鹿是鹿类动物中较温顺的一种。据饲养、观察，发情期的公鹿也不像梅花鹿、马鹿、白唇鹿那样攻击人，而且占群公鹿见到人接近即逃跑。在哺乳期，人给幼仔打耳号、测量时，幼仔的叫声只能吸引母鹿在远处观望，而不像其他鹿那样，母鹿为了保护幼仔而攻击人。麋鹿主要采食水生和陆生的禾本科及豆科植物，食性狭窄也是麋鹿生存受到威胁的自身因素。人口的增长和农业的发展，严重侵占了麋鹿的生活地域。

▶ 知 识 窗

北京南海子麋鹿苑博物馆不仅是保护麋鹿的研究场所，还是一个以开展自然、历史、文化生态环保为特色的教育基地，是对青少年进行自然教育、环保教育及爱国主义教育不可多得的户外大课堂，被中国科协列为首批全国科普教育基地。

为提高人们对保护濒危动物的紧迫感，苑内设了一座"世界灭绝动物公墓"，一块块的石碑上铭记着一个世纪以来世界上已灭绝了的野生动物。这些石碑用多米诺骨牌的形式排列着。

在北京麋鹿苑，人们会了解到麋鹿是一度在中国灭绝，又经中外保护人士共同努力得以拯救的野生动物，它们的失而复得，是人类"亡羊补牢""迷途知返"、生态保护意识觉醒的具体体现。要让后人知道，地球是我们唯一的家园，但它并不只属于人类，只有保护这个大千世界的物种多样性，才能使我们自身的繁荣、稳定、持续发展得到保障。

| 拓展思考 |

1. 是什么威胁着麋鹿的生存？
2. 我国还有多少只麋鹿？

生活在湖泊湿地的动物

麝鼩

She Qu

麝鼩为食虫动物，尖鼠科。食虫动物，经常被人们误认为鼠类。雄性麝鼩有分泌芳香物质的腺体，它们一般生活在近水的地方，大多数麝鼩对农业有害。它们的皮毛非常珍贵。物种现存稀少。体长多超过100毫米，尾长稍短于体长。足发达，具五趾，爪不长但相当锐利钩曲。麝香腺位于胸侧，长形。乳头3对，鼠蹊位。水麝鼩系典型水陆两栖兽类，具一系列适应水生生活方式的形态结构特征：眼小；耳短，隐于毛被中，具半月形耳屏瓣，入水后可关闭耳孔，防止水进入；四足及两侧密生扁硬短粗之刚毛，形成毛栉，利于拨水；尾下两侧也有长毛形成的毛栉；毛被柔软致密，闪丝状光泽，具防水性能；短毛间杂有一些具灰白色亮尖的长毛，背中部少而体侧较多，尤以臀部最为长而密集。在水中时，稀疏的长毛之间包着气泡，具隔水作用。

▶ 知识窗

·麝香的作用·

　　麝香可以用于闭证神昏。麝香辛温，气极香，走窜之性甚烈，有极强的开窍通闭醒神作用，为醒神回苏之要药，最宜闭证神昏，无论寒闭、热闭，用之皆有效。治疗温病热陷心包，痰热蒙蔽心窍，小儿惊风及中风痰厥等热闭神昏，常配伍牛黄、冰片、朱砂等药，组成凉开之剂，如安宫牛黄丸、至宝丹、牛黄抱龙丸等；用治中风卒昏，中恶胸腹满痛等寒浊或痰湿阻闭气机，蒙蔽神明之寒闭神昏，常配伍苏合香、檀香、安息香等药，组成温开之剂，如苏合香丸。

　　用于疮疡肿毒，咽喉肿痛。本品辛香行散，有良好的活血散结，消肿止痛作用，内服，外用均有良效。用治疮疡肿毒，常与雄黄、乳香同用，即醒消丸，或与牛黄、乳香同用；用治咽喉肿痛，可与牛黄、蟾酥、珍珠等配伍，如六神丸。

　　用于血淤经闭，微瘕，心腹暴痛，跌打损伤，风寒湿痹等证。可行血中之瘀滞，开经络之壅遏，以通经散结止痛每周一次，2周一疗程，疗效显著；用治痹证疼痛，顽固不愈者，可与独活、威灵仙、桑寄生等祛风湿药同用。

　　用于难产，死胎，胞衣不下。本品活血通经，有催生下胎之效。常与肉桂为散，如《张氏医通》香桂散；亦有以麝香与猪牙皂、天花粉同用，葱汁为丸，外用取效，如《河北医药集锦》堕胎丸。

除此之外，近代临床报道，用人工麝香片口服或用人工麝香气雾剂治疗心绞痛，均取得良好效果。由麝香、猪牙皂、白芷等制成麝香心绞痛膏，分别敷于心前区痛处及心俞穴，24 小时更换一次，治疗冠心病、心绞痛，用麝香注射液皮下注射，治疗白癜风，均有显效；用麝香埋藏或麝香注射液治疗肝癌及食道、胃、直肠等消化道肿瘤，可改善症状、增进饮食；对小儿麻痹症的瘫痪，亦有一定疗效。

| 拓展思考 |

1. 麝有多少种类？
2. 麝鼩有什么习性？

田鼠

Tian Shu

※ 田鼠

田鼠是仓鼠科的一类，包括五属，与其他老鼠比较，田鼠的体型较结实，尾巴较短，眼睛和耳较小。田鼠可以在多种环境下生活。大多田鼠为地栖种类，它们挖掘地下通道或在倒木、树根、岩石下的缝隙中做窝。有的白天活动，有的夜间活动，也有的昼夜活动。多数以植物性食物为食，有些种类则吃动物性食物。喜欢群居。没有冬眠。每年繁殖 2～4 次，每胎产仔 5～14 只，寿命约 2 年。它们的牙齿没有牙脚，并会持续生长，因此需要啃东西来把牙齿磨短。田鼠体型粗笨，多数为小型鼠类，个别达中等，如麝鼠，体长约 30 厘米，体重约 1800 克；四肢短，眼小，耳壳略显露于毛外；尾短，一般不超过体长之半，旅鼠、兔尾鼠、鼹形田鼠则甚短，不及后足长，麝鼠的尾因适应游泳，侧扁如舵；毛色差别很大，呈灰黄、沙黄、棕褐、棕灰等色；臼齿齿冠平坦，由许多左右交错的三角形齿环组成。共 18 属 110 种，广泛分布于欧洲、亚洲和美洲。中国有 11 属 40 余种。

◎生活习性

栖息环境从寒冷的冻土带一直到亚热带。有栖息于草原、农田的田鼠和兔尾鼠；也有栖息于森林的林鼠和林旅鼠；还有栖息于高山的高山鼠；以及适于半水栖湿地的水鼠和麝鼠。某些种类因适应特殊的环境，形态上产生了某些相应的特化。例如，以地下生活为主的鼹形田鼠，四肢短粗有力，爪发达，门齿粗壮，适于挖掘复杂的洞道，而眼、耳壳则很小；适于水栖的种类，后足趾间具半蹼，尾侧扁，利于游泳。多数以植物性食物为食，有些种类则吃动物性食物。喜群居。不冬眠。田鼠中的一些种类数量变动很大。旅鼠在数量高时还有迁徙的习性。每年繁殖 2～4 次，每胎产仔 5～14 只，寿命约 2 年。

▶ 知 识 窗

　　春季鼠窝中存粮减少或吃尽，田鼠活动频繁，饥不择食。夏季田鼠处于怀孕、产崽、分窝高峰，活动猖獗，极力寻找食物。秋季田鼠积极储粮，忙于奔波找食。冬季田鼠不冬眠，即使下了雪，黑夜仍会出洞活动。

　　当种群密度大时，有的田鼠会出现肝脏退化和神经错乱，甚至自相残杀。这种现象在生物学上叫做种内斗争，对田鼠种群的生存是有利的。田鼠的繁殖能力很强，一只雌鼠年产 6～8 窝，每窝 10～20 只，而幼鼠 2～3 个月又能生育。

拓展思考

1. 田鼠如何控制种群数量？
2. 田鼠密度大时会出现哪些情况？

生活在湖泊湿地的动物

河 狸

He Li

※ 河狸

河狸是我国啮齿动物里面最大的一种。它们体型肥壮，头短而钝、眼小、耳小及颈短。门齿锋利，咬肌尤为发达。前肢短宽。无前蹼，后肢粗大，趾间具全蹼，并有搔痒趾。第四趾十分特殊，有双爪甲，一为爪形，一为甲形。尾大而宽，上下扁平覆盖角质鳞片。躯体背部针毛亮而粗，绒毛厚而柔软，腹部基本为绒毛覆盖。背体呈锈褐色。针毛黄棕色，头、腹部毛色较背部浅，呈灰棕色。颏下近黄色。幼体色灰棕。肛腺前见一对香腺分泌"河狸香"。体重 17～30 千克、体长 60～100 厘米、尾长 21 厘米～38 厘米。

◎生活习性

河狸一般在夜间活动，白天很少出洞，善游泳和潜水，它们不冬眠。河狸一个独特的本领是垒坝，凡是河狸栖息或是栖息过的地方，都有一片池塘、湖泊或沼泽。河狸总是孜孜不倦地用树枝、石块和软泥垒成堤坝，以阻挡溪流的去路，小则汇合为池塘，大则可成为面积达数公顷的湖泊。河狸具有改造自己栖息环境的能力。当进入新的栖息地或栖息地水位下降时，河狸会用树枝、泥土等筑坝蓄水，以保护洞口位于水下，防止天敌侵扰。河狸有时为了将岸上筑坝用的建筑材料搬运至截流坝里，不惜开挖长达百米的运河。河狸在陆地上行动缓慢而笨拙，不远离水边活动。其自卫能力很弱，胆小，喜欢安静的环境，一遇惊吓和危险即跳入水中，并用尾有力拍打水面，以警告同类。河狸的主要食物是柳、桦、白杨、小叶杨等落叶树上较高较嫩的软枝内皮。它们不会爬树，而是用门牙把小树啃倒再吃。一对成年河狸可以在一刻钟内啃倒一棵直径 10 厘米粗的树。河狸后

肢趾间有蹼，宽扁的尾巴则当舵，是游泳的好手。河狸是水陆两栖的动物。它们把食物贮于水中，在水陆之间筑堤堰截水成池，并打洞筑窝。它们的窝开口一边在河岸边，另一头则开在树林里面，两个入口之间是宽敞的藏身处所。

◎生长繁殖

河狸每年只繁殖 1 次，它们的交配期在 1～2 月，产仔期在 4～5 月，每胎会有 1～6 个仔，妊娠期为 106 天左右，哺乳期约 2 个月，幼仔出生后两天就会游泳，第三年性成熟。寿命为 12～20 年。河狸喜食多种植物的嫩枝、树皮、树根，也食水生植物，杨、柳的幼嫩枝叶及树皮。夏季河狸也在岸边采食草本植物，如菖蒲、荆三棱、水葱及禾本科植物等。由于采食，在岸上常踩出固定的道路。到了秋季，河狸在晨昏活动频繁，将树枝等咬断 1 米左右，衔到洞口附近的深水中储藏，以备过冬时食用。在河狸栖息的地区，时常能见到碗口粗的树桩，这就是河狸的杰作。这是因为树木、树杈是河狸筑坝、垒巢的上好材料，树皮、树叶是它们储备过冬的最好食物。

▶知识窗

保护区内植被遭严重破坏导致河狸数量减少。

据河狸保护区管理站的工作人员介绍，布尔根河两岸分布着杨、柳等树种组成的天然河谷林，20 世纪 80 年代初，保护区刚成立时，这里林草丰茂，但近 10 年来，由于种种原因，布尔根河流域两岸次生林锐减近 60%，河水水位下降 1 米多；河狸分布范围大大缩小，其他动物和鸟类也极其稀少。

造成植被破坏的原因有：滥砍盗伐。保护区内生活着 5000 多户农牧民，生活需采薪取火；随意放牧。冬季在保护区内过冬的大小牲畜有近 7 万头。由于超载过牧，饲草不够，牧民将牲畜赶入河道的林中，骆驼吃大树枝，牛羊吃当年生的枝条，而河谷林天然更新能力几乎没有，大大减少了河狸的食物来源；大规模开发利用水源，随意修建水渠，挖排碱沟等使湿地面积急剧减少。水坝、水电站的建立形成了一个库区，区内被淹植被全部死亡。可以说，陷入了一种植被只被破坏不再生的恶性循环。由于植被的减少，造成水土流失，河床塌陷，河流局部改道，河狸的一些窝也塌了。由于河狸以植物为食，植被的破坏必定减少了河狸的环境容载量，河狸需要长途奔徙来采集食物，也就增加了遭到天敌的几率。

布尔根河上的水利设施，人为地阻断了河狸的迁徙路线，导致河狸数量减少。水坝水电站的建立，由于未修迁徙通道，使中国和蒙古国的河狸不再能上下迁徙，自由"通婚"了。由于发电需要，经常要蓄水。因此，河流的水位变化频繁，而且水位变化范围也很大，对河狸生活影响显著。到了冬季，由于蓄水发电的原因冰层不断加高，水甚至淹没了一些河狸的巢，河狸需要一个干燥的环境，于是它们只有逃出。

河狸是根据河流自然水位营巢栖息的，它们的巢穴一半在水下，一半在水上。河狸还有自己垒坝以保持水位平稳的功能。可电站是根据雨量、灌溉和发电的需要而蓄水或放水。因此，下游水位变化十分频繁，河狸适应不了这种变化。

河狸是珍贵的毛皮兽，河狸香是极为名贵的香料，故偷猎河狸的现象时有发生。由于张网捕鱼误伤小河狸的情况也有发生。

乌伦河水系两岸农牧活动逐年增加，河狸栖息地正在缩减。牲畜不仅与河狸争夺饲料，还损坏河狸的洞穴和地面巢。据统计，1989~1990 年保护区的洞穴废弃率增加 1 倍。废弃洞穴数已超过有效洞数，继续下去，河狸难以再寻找到合适的地段修筑洞巢。

常住人口剧增。自 1992 年在保护区内开通与蒙古国通商的口岸，政府有意在此建立一个商镇，要求牧民在此定居，现保护区内常住人口从 20 年前的 2800 多人增长到 4400 多人，并仍然不断增加，可以说保护区有成为开发区的趋势。人口的增加造成资源环境的恶化，是造成河狸濒临灭绝的主要原因。

|拓展思考|

1. 河狸生活在哪里？
2. 河狸和水獭的区别有哪些？

蝙 蝠

Bian Fu

蝙蝠在中国传统文化中象征"福气"，除南北极及一些边远的海洋小岛屿外，世界各地都有蝙蝠，在热带和亚热带蝙蝠最多。蝙蝠的翼是在进化过程中由前肢演化而来，是由其修长的爪子之间相连的皮肤构成。蝙蝠的吻部像啮齿类或狐狸。外耳向前突出，很大，而且活动非常灵活。

蝙蝠是哺乳动物中唯一一类真正能够飞翔的动物。它们中的多数还具有敏锐的听觉定向（或回声定位）系统。狐蝠和果蝠完全食素。大多数蝙蝠以昆虫为食。因为蝙蝠能够捕食大量的昆虫，所以它在昆虫繁殖的平衡中起重要作用，甚至可能有助于控制害虫。某些蝙蝠还食

※ 蝙蝠

果实、花粉、花蜜；热带美洲的吸血蝙蝠以哺乳动物及大型鸟类的血液为食，这些蝙蝠有时会传播狂犬病。蝙蝠的分布非常广，尤其在热带地区，蝙蝠的数量极为丰富，它们会在人们的房屋和公共建筑物内集成大群。

◎ 蝙蝠的形态

不同种类蝙蝠的体型也存在极大的差距，最大的狐蝠展开双翼后达1.5米，而基蒂氏猪鼻蝙蝠展开双翼仅有15厘米。蝙蝠的翼是进化过程中由前肢演化而来。除拇指外，前肢各指极度伸长，有一片飞膜从前臂、上臂向下与体侧相连直至下肢的踝部。拇指末端有爪。多数蝙蝠于两腿之间亦有一片两层的膜，由深色裸露的皮肤构成。蝙蝠的外耳很大，并且向前突出，活动灵活。蝙蝠的脖子短；胸及肩部宽大，胸肌发达；而髋及腿

部细长。除翼膜外，蝙蝠全身都有毛，背部呈浓淡不同的灰色、棕黄色、褐色或黑色，而腹侧色调较浅。栖息于空旷地带的蝙蝠，皮毛上常有斑点或杂色斑块，颜色也各不相同。蝙蝠在取食习性上，根据种类的不同而不同，有些为掠食性，有些则有助于传粉和散布果实，吸血蝙蝠对人类有危害，食虫蝙蝠的粪便一直在农业上用作肥料。

◎蝙蝠的生长发育

蝙蝠群的性周期是同步的，所以交配活动大多发生在数周之内。蝙蝠的妊娠期从 6～7 周到 5～6 月。许多种类的雌体妊娠后迁到一个特别的哺育栖息地点。蝙蝠通常每窝产 1～4 只小蝙蝠。小蝙蝠刚出生时无毛或少毛，且在这段时间内没有视觉和听觉。幼仔由亲体照顾 5 周至 5 个月，按不同种类决定。

◎蝙蝠的生活习性

几乎所有的蝙蝠都是白天休息，晚上出去觅食。这种习性便于它们侵袭入睡的猎物，而自己不受其他动物或高温阳光的伤害。蝙蝠通常喜欢栖息于孤立的地方，如山洞、缝隙、地洞或建筑物内，也有栖于树上、岩石上的。它们总是倒挂着休息。它们一般聚成群体，从几十只到几十万只。具有回声定位能力的蝙蝠，能产生短促而频率高的声脉冲，这些声波遇到附近物体便反射回来。蝙蝠听到反射回来的回声，能够确定猎物及障碍物的位置和大小。这种本领要求蝙蝠将它们高度灵敏的耳、发声中枢与其听觉中枢紧密结合，蝙蝠个体之间也可能用声脉冲的方式交流，当然，有少部分蝙蝠依靠嗅觉和视觉找寻食物。

有一些种类的蝙蝠可以算是飞行高手，它们能够在狭窄的地方非常敏捷地转身，蝙蝠是唯一能振翅飞翔的哺乳动物，其他像鼯鼠等能飞行的哺乳动物，不是飞行，它们只是靠翼形皮膜在空中滑行！夜晚的时候，蝙蝠靠声波探路和捕食。它们发出人类听不见的声波。当这声波遇到物体时，会像回声一样返回来，由此蝙蝠就能辨别出这个物体是移动的还是静止的，以及离它有多远。长耳蝙蝠在飞行中捕食昆虫，能将昆虫从叶子上抓下来，因为它们的大耳朵使它能接受回声。

蝙蝠虽然没有大鸟那样的羽毛和翅膀，飞行本领也不能和鸟类相提并论，但其前肢十分发达，上臂、前臂、掌骨、指骨都特别长，并由它们支撑起一层薄而多毛的，从指骨末端至肱骨、体侧、后肢及尾巴之间的柔软而坚韧的皮膜，形成蝙蝠独特的飞行器官——翼手。蝙蝠的胸肌十分发

达，胸骨具有龙骨突起，锁骨也很发达，这些均与其特殊的运动方式有关。蝙蝠在飞行之前需要借助滑翔，倘若跌落地面，就很难再飞起，它们飞行时会把后腿向后伸，起着平衡的作用。

蝙蝠以冬眠的方式过冬，通常情况下，蝙蝠进入冬眠状态后，新陈代谢降低，心跳和呼吸减慢，体温降低到与环境温度相一致，但冬眠不深，在冬眠期有时还会排泄和进食，惊醒后能立即恢复正常。它们的繁殖力不高，而且有"延迟受精"的现象，即冬眠前交配时并不发生受精。雄性蝙蝠的精子会在雌性蝙蝠的生殖道里度过寒冬，待蝙蝠醒眠后，经交配的雌蝙蝠才开始排卵和受精，然后怀孕、产仔。

▶知识窗

蝙蝠根据其种类的不同，食性也有很大的差别。有些种类的蝙蝠喜欢果实、花蜜，有的喜欢吃鱼、青蛙、昆虫，吸食动物血液，甚至吃其他蝙蝠。

以昆虫为食的蝙蝠在不同程度上都具有回声定位系统，因此有"活雷达"之称。借助这一系统，它们能在完全黑暗的环境中飞行和捕捉食物，在大量干扰下运用回声定位，发出超声波信号而不影响正常的呼吸。它们头部的口鼻部上长着被称作"鼻状叶"的结构，在周围还有很复杂的特殊皮肤皱褶，这是一种奇特的超声波装置，具有发射超声波的功能，能连续不断地发出高频率超声波。假如蝙蝠在飞行的过程中碰到障碍物，这些超声波就能反射回来，然后由它们超凡的大耳廓所接收，使反馈的信息在它们微细的大脑中进行分析。这种超声波探测灵敏度和分辨力极高，使它们根据回声不仅能判别方向，为自身飞行路线定位，还能辨别不同的昆虫或障碍物，进行有效地回避或追捕。蝙蝠正是依靠自身的回声定位系统，才能在空中盘旋自如，甚至还能运用灵巧的曲线飞行，不断变化发出超声波的方向，以防止昆虫干扰它的信息系统，乘机逃脱的企图。

▌拓展思考▐

1. 蝙蝠以什么来决定飞行路线？
2. 蝙蝠在中国有什么象征意义？

湖

第六章

泊湿地无脊椎动物

HUPOSHIDIWUJIZHUIDONGWU

　　虾和蟹是无脊椎动物，属于节肢动物门甲壳纲的十足目，大部分种类是海产的，淡水内分布的种类不多。但是，中国湖泊中虾和蟹的产量大而且经济价值高，是仅次于鱼的水产资源。

生活在湖泊湿地的动物

青 虾

Qing Xia

青虾的体形粗短，整个身体是由头胸部和腹部两部分构成。头部和胸部部各节接合，由一大骨片覆盖背方和两侧，叫做头胸甲或者背甲。头胸部粗大，腹前部较粗，后部逐渐细而且狭小。额角位于头胸部前端中央，上缘平直，末端尖锐，

※ 青虾

背甲前端有剑状突起，上缘有 11～15 个赤，下缘有 2～4 个齿。青虾的体表有坚硬的外壳，起着保护机体的作用，其整体由 20 个体节组成，头部 5 节，胸部 8 节，腹部 7 节，有步足 5 对，前 2 对呈钳形，后 3 对呈爪状。其中雄性虾第 2 对步足特别强大，第 6 腹节的附肢演化为强大的尾扇，起着维持虾体平衡，升降及后退的作用。这种虾额角的基部两侧有 1 对复眼，横接在眼柄的末端，其复眼可自由活动，称为柄眼。青虾的尾节尖细，其背面有两对活动的小刺。除尾节外，每节附肢 1 对。

◎分布地区

青虾在我国的分布非常广，江苏、上海、浙江、福建、江西、广东、湖南、湖北、四川、河北、河南、山东等地均有分布。它广泛生活于淡水湖、河、池、沼中，以河北省白洋淀、江苏太湖、山东微山湖出产的青虾最有名。青虾喜栖息于江河、湖泊、池塘、沟渠沿岸浅水区或水草丛生的缓流中，白天蛰伏在阴暗处，夜间活动，常在水底、水草及其他物体上攀缘爬行。

◎生长繁殖

青虾属纯淡水产，青虾生活在江河、湖沼、池塘和沟渠内，冬季栖息在水深处，春季水温上升后，开始向岸边移动，夏季在沿岸水草丛生处索

饵和繁殖。产卵期自 4～9 月初，盛期为 6～7 月。适宜的水温是18℃～28℃。越冬后的母虾，在 4～7 月间可连续产卵二次。当第一次所产的卵孵化时，卵巢又已成熟，接着进行蜕皮、交配和第二次产卵。两次产卵所隔的时间约 20～25 天左右。当年的新虾群中，有一部分虾会在（体长一般在 24～35 毫米间）8 月份性成熟并抱卵，而它们所生的后代在当年是不能产卵的。雌虾的卵巢发育成熟后，卵巢呈褐绿色，腹部侧甲的边缘呈淡黄色，并且向两侧张开。交配在雌虾产卵前进行。交配前，雌虾一般都要先蜕皮。交配的时候，雄虾将雌虾抱住，身体的腹面与雌虾的腹面相贴，侧卧水底或水草上，随后雄虾排放精荚。交配的时间很短。交配后的雌虾，一般在 24 小时内即产卵。产卵的时间多在黎明以前。卵巢内所有成熟的卵一次产出。抱卵数与体长成正比，体长 45 毫米以上的雌虾，抱卵数在 1500～4000 粒之间；体长 45 毫米以下的，抱卵 700～2000 粒；在当年新虾群中的抱卵虾（体长 24～35 毫米），抱卵数在 200～500 粒之间。雌雄虾的比例平时约为 10：7，而在产卵盛期，由于雄虾在交配后不久即死亡，因而雌雄的比例可降为 10：4。雌虾在繁殖结束以后也陆续死去，所以，青虾的寿命一般仅为一年左右。

▶ **知 识 窗** ∙∙

青虾具有繁殖力高，适应性较强，食性很广，肉味鲜美，可以常年上市等优点。其生活习性具有以下特点，它的最适生长水温在 18℃～30℃之间，当水温下降到 4℃时进入越冬期，当水温升到 10℃以上时活力加强，摄食逐步加强。营底栖生活，喜欢栖息在水草丛生的缓流处。栖息水深从 1～2 米到 6～7 米不等。夏秋季青虾在岸边浅水处寻食和繁殖，冬季则移到较深的水区越冬，很少摄食和活动。水温在 18℃左右，性成熟青虾开始交配产卵，青虾的交配往往在临近产卵的时候才进行。青虾具背光性，白天隐伏在暗处，夜间出来活动。生殖季节却一反常态，白天也会出来进行交配活动；有投料时，白天也会出来争食。青虾的主要食物为植物碎屑、浮游生物、腐烂菜类、饭粒。常聚集在桥墩、水闸、塘坝、乱石堆、河边的树根及水草周围。青虾在世界上只分布于我国和日本，除我国西北的高原和沙漠地带外，其他不论哪个地区，只要有水资源就有它的存在。

| **拓展思考** |

1. 青虾分布在哪里？
2. 如何养殖青虾？

中华绒螯蟹

Zhong Hua Rong Ao Xie

中华绒螯蟹，也叫做上海毛蟹，俗称大闸蟹或河蟹，它是一种主要生长在朝鲜半岛到中国福建沿海河口地区的小型蟹种。中华绒螯蟹十足目方蟹科绒螯蟹属甲壳动物。中华绒螯蟹是一种经济蟹类。因为它的两只大螯上有绒如毛，所以崇明人称之为"老毛蟹"。出身地就

※ 中华绒螯蟹

在崇明岛的长江口水域。世界上各大江湖中，共有 300 多种螃蟹，其中可供食用的大约 20 多种，而最负盛名的要数我国的中华绒螯蟹。该物种对其他物种具有很强的侵犯性，它曾蔓延到北美和欧洲，对当地生态系统造成破坏。除了和当地物种竞争外，它们穴居性导致堤岸的损坏和排水系统的阻塞。一般认为这种蟹顺着船底排出的压舱水迁移。但同时也保留了纯正的蟹种。身体分两部分：头胸部和腹部，附有步足 5 对。头胸部的背面为头胸甲所包盖。头胸甲墨绿色，呈方圆形，俯视近六边形，后半部宽于前半部，中央隆起，它的表面凹凸不平，共有 6 条突起为脊，额及肝区凹降，其前缘和左右前侧缘共有 12 个棘齿。额部两侧有一对带柄的复眼。头胸甲的腹面，除前端为头胸甲所包裹外，大部分都被腹甲，腹甲分节，周围有绒毛，腹部紧贴在头胸部的下面，普通称为蟹脐，周围有绒毛，共分 7 节。雌蟹的腹部为圆形，俗称"团脐"，雄蟹腹部呈三角形，俗称"尖脐"。第一对步足呈棱柱形，末端似钳，为螯足，强大并且密集的生长着绒毛；第四、五对步足呈扁圆形，末端尖锐的像针刺。

◎分布地区

中华绒螯蟹在我国境内广泛分布在南北沿海各地湖泊，中国唯一的中华绒螯蟹苗繁育基地在江苏启东，但是 20 世纪 60 年代以后产量锐减，近

些年以来实行人工移苗放流，产量有所恢复。每年 9～11 月为生产旺季。中华绒螯蟹的自然分布区主要在亚洲北部、朝鲜西部和中国。中国北自辽宁鸭绿江口，南至福建九龙江、西迄湖北宜昌的三峡口均有分布。早在 1000 多年前，就已对中华绒螯蟹的生活习性，特别是生殖洄游规律有一定的了解。近年来随蟹苗的人工培育和放流增殖，此蟹已遍布全国，但品质以长江下游阳澄湖的大闸蟹和河北的胜芳蟹最为著名。20 世纪初，中华绒螯蟹随海船移植至德国，然后沿莱茵河传布，如今中华绒螯蟹已经遍及许多欧洲国家的水域。

◎生活习性

中华绒螯蟹生活在淡水湖泊河流，但是在河口半咸水域进行繁殖；每年 6～7 月间新生幼蟹溯河进入淡水后，栖于江河、湖荡的岸边。喜掘穴而居，或隐藏在石砾、水草丛中。掘穴时主要靠 1 对螯足，步足只起辅助作用。以水生植物、底栖动物、有机碎屑及动物尸体为食。取食时靠螯足捕捉，然后将食物送至口边。营养条件好时，当年幼蟹体重可达 50～70 克，最大可达 150 克，且性腺成熟，可以同 2 龄蟹一起参加生殖洄游。如果放养密度大或生长慢，那么 2 龄时性腺也难以成熟，所以不能参加生殖洄游。

◎生长繁殖

中华绒螯蟹一般在江河湖泊生长一直到 2 龄，到 9 月下旬的时候蜕壳为绿蟹起性腺开始迅速发育，30～40 天内雌蟹生殖指数由蜕壳前的 0.36% 骤增至 10%～15% 左右。至 10 月中下旬，大部分性腺已发育进入第 IV 期，于是离开江河、湖泊向河口浅海作生殖洄游。11 月上旬后群集于河口浅海交汇处的半咸水域，开始交配繁殖。在长江流域，中华绒螯蟹繁殖区的盐度为 8～15，水温为 6℃～12℃，时间在当年 12 月至翌年 3 月。交配时雄蟹以螯足钳住雌蟹步足，并将交接器的末端对准雌孔，将精液输入雌蟹的纳精囊内。整个交配过程数分钟至 1 小时。雌蟹一般在交配后 7～16 小时内产卵。受精卵附着在雌蟹腹肢的刚毛上。在水温 10℃～17℃ 情况下，受精卵经 30～60 天后孵化出溞状幼体，在河口浅海浮游 30 余天，经 5 次蜕皮，然后进入大眼幼体期。此时兼营浮游及底栖生活，并能逆流上溯至湖沼。大眼幼体经 6～10 天后蜕壳而成幼蟹，开始营底栖爬行生活。亲蟹在所抱卵全部孵化后，蛰伏在河口浅滩的沙丘上，其头胸甲及四肢有苔藓虫、薮枝虫等附着，腹部常有蟹奴寄生。产后的雌蟹 6 月底 7 月初相继死亡。从溞状幼体起，雌蟹的寿命为 2 足龄，雄蟹则交配后即死亡，寿命比雌蟹短 2 个月。

当年成熟的中华绒螯蟹寿命只有 1 年，而且雌性占绝对的优势。性腺成熟缓慢的个体，寿命会比较长，长的可以到达 3～4 年。

▶知识窗

　　阳澄湖大闸蟹闻名天下，鲜盖百味。有人问：是谁最早吃着这个鲜头，成为天下第一食蟹人？巴城镇流传下来一则岁月悠远的民间传说，可以回答这个问题。

　　相传几千年前，人类的祖先已经在江南的陆地上定居栖息，从事捕捞水产和农垦耕作，一代又一代含辛茹苦地创建出一个鱼米之乡。由于江南地势低洼，雨量充沛，经常易闹水灾。有时虽然丰收在望，可是，江湖河泊里却冒出了许多爱朝亮光爬行的甲壳早，双螯八足，形状凶恶可闯进稻田偷吃谷粒，还用犀利的螯伤人。荆蛮先民吓得畏如虎狼，称这种虫为夹人虫，不等太阳落山，就早早关上大门。

　　后来，大禹到江南开河治水，派壮士巴解到水陆交错的阳澄湖区域督工，带领民工开挖海口河道。入夜，工棚口刚点起火堆，谁知火光引来了黑压压的一大片夹人虫，一只只口吐泡沫像潮水汹涌而来。大家出来抵挡，工地上激起了一场人虫大战。不多时，夹人虫吐出的泡沫，直把火堆浬息，双方在黑暗中混战到东方发白，夹人虫才纷纷退入水中。可是许多民工被夹伤的夹伤，夹死的夹死，血肉淋漓，惨不忍睹。

　　夹人虫的侵扰，严重妨碍着开河工程。巴解寻思良久，想出了一个办法，让民工筑座土城，并在城边掘条很深的围沟，待等天晚，城上升起火堆，围沟里灌进沸腾的开水。夹人虫席卷过来，就此纷纷跌入沸水沟里烫死。沟里虫的尸体越积越多，便用长挠钩起来，继续灌放开水作战。烫死的夹人虫浑身通红，堆积如山，发出一股引人开胃的鲜美香味。巴解闻着后，好奇地取过一只细看，把甲壳掰开来，一闻香味更浓。他想：味道喷香扑鼻，肉不知能不能吃？便大着胆子咬一口。谁知牙齿轻轻嚼动，嘴里觉味道鲜透，比什么东西都好吃。巴解越吃越香，一下把一只夹人虫嚼到肚里，接连又吃一只。大家见他吃得津津有味，胆子大的民工也跟着吃起来，无不大喜，说：大家来吃夹人虫，味道香极了！于是，民工们都随手俯捡而食，把一大堆夹人虫全都消灭到"五脏殿"里。当地的百姓获悉后，也就纷纷捉拿夹人虫吃，这个消息又很快传遍四面八方。从此，先民们都不怕夹人虫了，被人畏如猛兽的害虫一下成了家喻户晓的美食。大家为了感激敢为天下先的巴解，把他当成勇士崇敬，用解字下面加个虫字，称夹人虫为蟹，意思是巴解征服夹人虫，是天下第一食蟹人。巴城就是为了纪念巴解而名的。巴城出产的阳澄湖大闸蟹，由此而名扬四方，久享盛誉。

| 拓展思考 |

1. 中华绒螯蟹有何区别于其他蟹类的特点？
2. 中华绒螯蟹寿命有多长？

圆田螺

Yuan Tian Luo

圆田螺是中腹足目田螺科田螺属中的一种。圆田螺的壳大、薄并且坚固，壳高 50～60 毫米，宽 35～40 毫米，呈圆锥形，螺层很膨胀，有 6～7 层。缝合线比较深，体螺层上生长线明显。圆田螺的头和足可自壳口伸出，内脏团则留在壳内。头部发达，前端有一圆形突起称吻，吻腹侧为口、于吻基部两侧生有一对长圆锥形的触角，雄性右触角较左触角短而粗，有交接器的功能。触角的基部外侧各有一突起，其上各有一黑色眼。头后方两侧有褶状须叶，右侧的发达，卷成管状称出水管，左侧较小，贴在外套膜上，形成入水管。头后身体腹面为宽阔的叶状足，肉质，前缘较平直，后端较狭、足背侧为内脏团，后部背面有一卵形的角质厣，其上有同心环形生长纹。当圆田螺缩入壳内时，首先头缩入，继而足趾面中央横折也缩入，厣正好封住壳口。圆田螺的外套膜呈薄膜状，将内脏团包围，套膜边缘较厚，围绕头及足的周围，背缘及侧缘游离，腹缘与足愈合。在头足部与内脏团之间形成外套腔。

※ 圆田螺

◎分布地区

呼吸器官鳃栉状 1 个，位于外套腔左侧。鳃的上皮细胞有纤毛，内有血管、鳃正位于入水管内侧，当水流经过外套腔时，可以摄取溶于水中的氧，排出二氧化碳。

它的循环系统是由心脏和血管组成的。它的心脏位于胃和肾之间的薄膜状围心脏内，由一心室和一心耳构成。心室壁厚，位后方；心耳壁薄，位前方，二者之间有瓣膜。出鳃静脉连于心耳，心室伸出一主动脉，后分

两支，一为头动脉，分布于头、外套膜和足等处。另一支为内脏动脉，分支到体后部内脏器官。各血管末端连于血窦。血液回心耳有二途径：一为经肾入鳃回到心耳，一为直接入鳃回心耳，完成排泄和呼吸作用。圆田螺血液无色，含有变形由状细胞。

排泄系统肾一个，略微的呈现出三角形浅揭黄色，位围心腔之前，直肠左侧。肾右侧为一薄壁的输尿管，有孔与之相通、输尿管右侧壁与生殖器官（于宫或精巢）的外壁愈合。肾孔开口于肛门左侧稍后处，正位出水管的内侧，这样可以使排泄物随水排出体外。

神经系统是由神经节和神经连索构成的，它的主要神经节有 4 对。脑神经节一对，较大，二者有神经相连，位咽背侧，分出 10 对神经到触角、眼、口等体前部。侧神经节一对，位脑神经节之后，较小，左右不对称，由脑侧神经连索与脑神经节相连，以侧足神经连索连于足神经节。足神经节一对，长带状，位足的趾面中央处，两神经节有神经相连，每一足神经节分出神经至足前部和后部，由脑足神经连索连于脑神经节。脏神经节一对，形小，位食管末端处，彼此有神经相连。左脏神经节有一长神经连索与食管左侧的胸上神经节相连，肠上神经节又连于右侧神经节，其间的神经连索在食管上方，自左后至右前；右脏神经节也有一长神经连索与食管右侧的肠下神经节相连，肠下神经节又连于左侧神经节，其间神经连索在食管下方，从右后到左前。因此侧脏神经节间的神经连索于食管上下左右交叉形成"8"字形。

圆田螺的感官较发达，除皮肤有感觉作用外，触角为一感觉器官，其顶端有感觉细胞及神经末梢分布，感觉灵敏。平衡囊位足神经节内侧，为皮肤内陷的囊，上皮具纤毛，杂有感觉细胞，囊内有细小的耳石。平衡囊分布有脑神经节分出的神经，可维持身体平衡。眼为视觉器官，也为皮肤内陷形成，具感觉细胞和色素细胞构成的视网膜，并有晶体。嗅检器为皮肤突起，是化学感受器，位于鳃近端部左侧，呈弯曲线状，色黄。圆田螺的神经感官都比较发达、这与它活动的生活方式相适应。

田螺是雌雄异体的，如何区别雌雄呢？雄性右侧触角较雌性右侧触角粗大，此为鉴别雌雄的特征。雄性具精巢一个、较大，为新月状。位外套腔右侧。精巢后端左侧连一输精管（在输尿管下方），向左横行。较短，后向前伸，膨大成储精囊（前列腺）。最后变细成射精管，入右侧触角中，其顶端的开口为雄性生殖孔。雄性的右触角有交接器的作用。雌性有卵巢一个，细长带状，黄色，与直肠上部平行。输卵管较短，连于卵巢，后端膨大通入子宫。子宫位于右侧，为一腺质壁的大形薄囊，可分泌蛋白质液包裹卵。子宫末端变细成管状，顶部为雌性生殖孔，位肾孔的右侧。田螺

为体内受精，受精卵在子宫内发育生长，一生下来就是幼螺。雄田螺的右侧触角特化成交接器，卵胎生，这一点是腹足类动物中所特有的。

圆田螺属淡水中常见的大型螺类，分布比较广泛，通常生活在湖泊、池沼、河流、水库、水田等处，以宽大的肉质足在水底爬行，以水生植物叶片、藻类等为食。中国圆田螺及中华圆田螺等在我国分布甚广，前者为世界性种。栖息在淡水的河池或田中。

▶ 知识窗

鄱阳湖是中国第一大淡水湖，也是中国第二大湖。该湖区受修河水系和赣江水系影响，枯水期水落滩出，形成草洲河滩与9个独立的湖泊；丰水期9个湖泊融为一体，形成鄱阳湖水一片汪洋。位于江西省北部、长江南岸，隶属于上饶市。在鄱阳湖的东岸、中国湖城鄱阳县境内拥有着中国最大的淡水湖和湿地公园，它就是鄱阳湖国家湿地公园。鄱阳湖国家湿地公园位于江西省北部，上饶市西部。饶河、漳田河的交汇处。它西接庐山、北望黄山、东依三清山、南靠龙虎山。湿地公园总面积为36285.0公顷，其中湿地总面积为35116.1公顷，占土地总面积的96.8%。鄱阳湖国家湿地公园为世界六大湿地之一，是亚洲湿地面积最大、湿地物种最丰富、湿地景观最美丽、湿地文化最厚重的国家湿地公园。

鄱阳湖国家湿地公园内分布的野生动物种类繁多，有野生脊椎动物共计249种；其中列为国家一级重点保护陆生野生动物17种；省级重点保护动物63种。据不完全统计，鄱阳湖国家湿地公园有湿地植物141种；鱼类资源108种；鸟类资源132种，其中国家一级保护鸟类4种、国家二级保护鸟类16种、国家"三有"保护鸟类83种；省级重点保护鸟类63种；国际贸易公约保护鸟类17种。

特别值得的一提的是，鄱阳湖国家湿地公园有不少中国与日本、中国与澳大利亚共同保护的候鸟，列入中日保护协定的有55种，列入中澳保护协定的有14种。

这里聚集了世界上98%的湿地候鸟种群，世界上现存的白鹤有4000多只，一到冬天98%的白鹤与数十万的天鹅会选择到鄱阳湖越冬，场面非常壮观，是"白鹤的天堂，天鹅的故乡"！

▌拓展思考▐

1. 圆田螺有哪些形态特征？
2. 圆田螺分布在哪里？

环棱螺

Huan Leng Luo

◎梨形环棱螺

梨形环棱螺是软体动物门腹足纲中腹足目田螺科，田螺科动物体大型，它的身体分为头部、足部、内脏囊、外套膜和贝壳五个部分。壳高可达 70 毫米以上，小型种壳高亦可达 30 毫米。外形为梨形。壳面光滑，或有螺棱、色带、棘状或乳头状突起。厣为角质薄片。头部很明显，在头部的背面两侧各有一个尖针状的触角。眼睛着生在触角基部的短柄上，一般可以看到 20～30 厘米远。头部两个触角之间，有向前方伸出的一个柱状突起，这是它的吻。吻的前端腹面有开口，就是它的口。口内有齿舌，上面排列小齿，它们利用齿舌刮取食物。

◎生活习性

田螺科动物是一种淡水群栖螺类，成群生活在江河、湖泊、池塘和水田里面。以宽大的腹足匍匐于水草上或爬行于水底。对环境的适应性强，具有耐旱，耐寒，耐氧的能力。雌雄异体。雄性右触角变粗，形成交配器官。卵胎生，体内受精发育。仔螺长成后，陆续排出体外，然后在水中自由生活。

◎方形环棱螺

方形环棱螺贝壳为中等的大小，它的全身呈长圆锥形。壳质厚，极坚固。壳高 26～30 毫米，壳宽 14～17 毫米。壳顶尖，螺层 7 层，缝合线深，体螺层略大，壳面黄褐色或深褐色，有明显的生长及较粗的螺棱。壳口卵圆形，边缘完整。厣角质，黄褐色，卵圆形，它的上面有同心环状的生长纹。

◎乳顶环棱螺

乳顶环棱螺软体动物门腹足纲中腹足目田螺科，是中国特有的一种螺。

太湖，中国五大淡水湖之一，水域面积排第三，位于江苏省南部和浙江省北部交界处，而在行政区划上完全属于江苏省，是江、浙两省的界湖，有"包孕吴越"之称。湖泊周边的主要城市，江苏省境内的是苏州、无锡、宜兴，浙江省境内的是湖州。太湖以优美的湖光山色和灿烂的人文景观，闻名中外，是中国著名的风景名胜区，每年吸引着大量中外游人来此观光游览。

太湖是中国第三大淡水湖，古称震泽、具区、笠泽。由长江、钱塘江下游泥沙封淤古海湾而成。正常水位3米时湖面积2250平方千米，平均水深1.94米，蓄水27.2亿立方米。主要水源有二：一为来自浙江省天目山的苕溪，在湖州市以下分为70多条溇港注入；另一来自江苏宜溧山地北麓的荆溪，分由太浦、百渎等60多条港渎入湖。太湖水由北东两面70多条河港下泄长江，以娄江（下游称浏河）、吴淞江（下游称苏州河）、黄浦江为主。黄浦江为最大泄水河道，约占总出水量的80%，其存储河港流量较小，常因海潮顶托或江水上涨而倒流。

拓展思考

1. 环棱螺有多少种类？
2. 环棱螺对生存条件有何要求？

虾

Xia

虾 是一种生活在水中的长身动物，属节肢动物甲壳类，甲壳亚门十足目游泳亚目动物。种类很多，包括青虾、河虾、草虾、小龙虾、长臂虾等。虾有非常高的食疗价值，并且也可以用来当中药材。特征为体半透明、侧扁、腹部可弯曲，末端有尾扇。第二触角长，鞭状。腹肢是游泳肢。海洋及淡水湖泊、溪流中都有。许多种为重要食物。大小从数毫米到20多厘米，平均4～8厘米。体型大者称为大虾。借腹部和尾的弯曲可迅速倒游。吃微小生物，有的吃腐肉。雌虾可产卵1500～1.4万粒，附在游泳肢上。在成体前要经过5个发育期。

◎分布地区

北大西洋的普通欧洲虾大概有8厘米左右，灰或暗褐色，有褐色或淡红斑点。刚毛对虾分布在北卡罗来纳至墨西哥一带的沿海地区；长18厘米；幼体生活于浅湾，后入深海，食小型动植物。以上两种与褐沟虾和粉红沟虾均有重要经济价值。Crangon franciscorum是太平洋的大虾。淡水虾如匙虾科，主要在温暖地区，有的在半咸水中；有的长达20厘米。Ataephyra desmarestii长1.6～2.7厘米，分布于欧洲、北非及近东的淡水水域，成群生活于水生植物中。加利福尼亚的Syncaris属长2～5厘米及Palaemonias ganteri为北美著名的淡水大虾。Xiphocaris属分布于西印度群岛的淡水。沼虾属可食，主要分布于热带。鼓虾属可长到3.5厘米，用大螯把猎物夹昏。红海的鼓虾与鰕虎鱼生活在同一穴内，鱼借身体运动给虾发危险的信号。热带的蝟虾长3.5厘米，珊瑚鱼从它的螯倒游过去，虾为之清除鳞片上的污物。神仙虾体形似虾，但属无甲目。

◎生长繁殖

虾有很多种类，包括河虾、草虾、小龙虾、对虾、龙虾等，其中对虾是我国特产，因体型大，出售时常成对出售而得名对虾。对虾生活在暖海里，夏秋两季能够在渤海湾生活和繁殖，冬季，虾要长途迁移到黄海南部海底水温较高的水域去避寒。冬季虾的活动能力会变得很差，不会再捕

138

食。每年3月分散在各地的虾开始集中，成群结队地向北方游。经两个月的旅行到达渤海近岸浅海，开始了它们的繁殖，雌虾经过长途旅行已疲惫不堪，产完卵后大部分就死去了，只有体力较强的才能继续生存，刚孵出的小虾身体结构要发生很多变化，经过20多次蜕皮才长为成虾。雄虾当年成熟，雌虾要到第二年才成熟。虾有两倍于身体长的细长触须，用来感知周围的水体情况，胸部强大的肌肉有利于长途洄游。腹部的尾扇可用来控制身体的平衡，也可以反弹后退。

虾游泳时和鱼有很大不同，鱼摆动尾鳍就可以向前游动了，而虾没有鱼那样的尾鳍，只有一条尾巴和许多小腿，那么它是怎样游泳的呢？虾也有它的"高招"。虾是游泳的能手，能用腿做长距离游泳。它游泳时那些游泳足像木桨一样频频整齐地向后划水，身体就徐徐向前驱动了。受惊吓时，它的腹部敏捷地屈伸，尾部向下前方划水，能连续向后跃动，速度十分快捷。也有的虾不善于游泳，大龙虾多数时间在海底的沙石上爬行。

▶ 知 识 窗 ⸺⸺⸺⸺⸺⸺⸺⸺⸺⸺⸺⸺⸺⸺⸺⸺⸺

　　青虾具有繁殖力高，适应性较强，食性很广，肉味鲜美，可常年上市等优点。其生活习性具有以下特点，它的最适生长水温在18℃～30℃之间，当水温下降到4℃时进入越冬期，当水温升到10℃以上时活力加强，摄食逐步加强。在底栖生活，喜欢栖息在水草丛生的缓流处。栖息水深从1～2米到6～7米不等。夏秋季青虾在岸边浅水处寻食和繁殖，冬季则移到较深的水区越冬，很少摄食和活动。水温在18℃左右，性成熟青虾开始交配产卵，青虾的交配往往在临近产卵的时候才进行。

| 拓展思考 |

1. 虾靠什么游动？
2. 虾以什么为食？

三角帆蚌

San Jiao Fan Bang

三角帆蚌双壳纲蚌目珠蚌科、珠蚌亚科贝类的 1 种。是中国特有的物种，它们主要分布于长江中、下游的湖泊及其周围的水域，向北可至山东微山湖及河北白洋淀。三角帆蚌俗称河蚌、珍珠蚌、三角蚌。淡水双壳类软体动物，属瓣鳃纲、蚌科、帆蚌属。

※ 三角帆蚌

壳大而扁平，壳面黑色或棕褐色，厚而坚硬，长近 20 厘米，后背缘向上伸出一帆状后翼，使蚌形呈三角状。后背脊有数条由结节突起组成的斜行粗肋。珍珠层厚，光泽强。铰合部发达，左壳有 2 枚侧齿，右壳有 2 枚拟主齿和 1 枚侧齿。

◎分布地区

广泛分布于湖南、湖北、安徽、江苏、浙江、江西等省，尤以我国洞庭湖以及中型湖泊分布较多。

◎生活习性

三角帆蚌栖息在浅滩泥质底或浅水层中，营埋栖生活，靠伸出斧足来活动。它是属被动摄食的动物，借外界进入体内的水流所带来的食物为营养，其食性主要以小型浮游生物为主，也滤食细小的动植物碎屑。每年 4~5 月，当天气晴暖的时候，水温稳定在 18℃左右时，成熟卵经生殖孔排出附在外鳃瓣上，此时雄性成熟精子随水流从雌蚌的入水管进入外鳃瓣与卵子结合形成受精卵。受精卵经 1 个月发育成钩介幼虫排出体外，遇到鱼类就利用足丝和钩齿抓住鱼体，在鱼身上营寄生，大约经 20 天后可发育成幼蚌，从鱼体脱落沉入水底，营埋栖生活。

三角帆蚌雌雄异体。它们的繁殖季节在 4~8 月。

▶ 知 识 窗

　　三角帆蚌是我国特有的河蚌资源，又是育珠的好材料。用它育成的珍珠质量好，80～120 个蚌可育成无核珍珠 500 克，还可育有核珍珠、彩色珠、夜明珠等粒大晶莹夺目的名贵珍珠。肉可食。肉及壳粉可作家畜、家禽的饲料。珍珠及珍珠层粉具有泻热定惊、防腐生肌、明目解毒、止咳化痰等功能，是 20 多种中成药的主要成分，可用于治疗多种疾病，并有嫩肤美白的特殊作用。用珍珠加工成的饰物，精致美观，高贵典雅，其价格昂贵，可供外贸出口。

| 拓展思考 |

1. 三角帆蚌有何经济价值？
2. 如何人工饲养三角帆蚌？

褶纹冠蚌

Zhe Wen Guan Bang

褶纹冠蚌，属于软体动物门、双壳纲、蚌科、冠蚌属，生活在河流、湖泊、沟渠及池塘等水体淤泥中，主要以水中的微小生物以及有机碎屑等为食，属于底型生活的滤食性双壳类，在淡水生态系统中具有非常重要的地位。为中国沿海常见种。一般栖息于淡水缓流及静水水域的湖泊、河流以及沟渠和池塘的泥底或泥沙底里。壳厚大，外形略似不等边三角形。它的前部短而低，前背缘冠突不明显，后部长高，后背缘向上斜出伸展成为大型的冠。壳的后背部自壳顶起向后有一系列的逐渐粗大的纵肋。后缘圆。腹缘长近直线。壳顶位于距前端壳长约 1/6 处，壳顶有数条肋脉。成体的冠常仅留残痕，幼体的贝壳一般完整。壳表面深黄绿色至黑褐色，壳顶常受侵蚀而失去表层颜色。铰合部强大，韧带粗壮，位于冠的基部。左右两壳各具有一高大的后侧齿。前侧齿细弱，后侧齿下方与外面相应有纵突和凹沟数个。前闭壳肌痕大呈楔状，伸足肌痕为圆形，前缩足肌痕小而且深，后闭壳肌痕大并且浅，外套肌痕宽，珍珠层富有光泽。

◎分布地区

褶纹冠蚌又叫做大江贝、湖蚌、水壳、棉鞋蚌。分布在俄罗斯、日本、越南以及中国的黑龙江、吉林、河北、河南、山东、安徽、江苏、浙江、江西、湖北、湖南等地方。它所产的珍珠的质量略微次于三角帆蚌产的珍珠，但栖息环境比三角帆蚌要求低，且产量高，成珠快。壳可做钮扣、螺钿、镶嵌及贝雕等工艺原料，也作中药珍珠母；肉可以食用，肉以及壳粉可以作为家畜、家禽的饲料。

◎经济价值

褶纹冠蚌的个体大，开壳宽度可以达到 1.5 厘米，便于植珠操作，成珠较快。但是培育出的珍珠质地粗糙，珠态也比不上三角帆蚌所育珍珠，多作为药材、保健品和化妆品的原料，能用作工艺珠的比例较小。同时，褶纹冠蚌外套膜上的插核性能也不佳，因其斧足肥大，伸展范围广，往往可将插核排空。但由于内脏团肥厚，可在生殖腺中插植大核；又因个体

大，外套膜宽广且壳质珍珠层光亮洁白，非常适合于培育大型的佛像珠等象形珍珠。所以，育珠专家们认为，我国目前的育珠领域在使用三角帆蚌育珠的同时，还应合理地利用褶纹冠蚌这一资源。

▶知识窗

　　洞庭湖位于中国湖南省北部，长江荆江河段以南，是中国第四大湖，仅次于青海湖、兴凯湖和鄱阳湖，也是中国第二大淡水湖（一说因湖面缩减，现次于鄱阳湖和太湖居于第三），面积2820平方千米（1998年），原为古云梦大泽的一部分，洞庭湖南纳湘、资、沅、澧四水汇入，北与长江相连，通过松滋、太平、藕池，调弦（1958年已封堵）"四口"吞纳长江洪水，湖水由东面的城陵矶附近注入长江，为长江最重要的调蓄湖泊，由于泥沙淤塞、围垦造田，洞庭湖现已分割为东洞庭湖、南洞庭湖、目平湖和七里湖等几部分，并退居第二。

　　由东、西、南洞庭湖和大通湖四个较大的湖泊组成。在湖北省南部、湖南省北部、长江南岸。北有松滋、太平、藕池、调弦四口（1958年堵塞调弦口）引江水来汇，南和西面有湘江、资水、沅江、澧水注入。湖水经城陵矶排入长江。通常年分四口与四水入湖洪峰彼此错开。因而有"容纳四水""吞吐长江"的调节作用，减轻了长江中游的洪水压力。若出现"江湖并涨"，就易泛滥成灾。由于四水和四口携带大量泥沙，每年约有1.28亿吨泥沙淤积湖底。1825年时湖水面积约6000平方千米，1890年为5400平方千米，1932年为4700平方千米，1960年已减为3141平方千米。现在以湖面高程34.5米计，湖水面积为2820平方千米。昔日号称"八百里洞庭"，今已分割为许多大小湖泊。水位变幅达13.6米，有"霜落洞庭乾"之称。1952年兴建荆江分洪工程和蓄洪垦殖，使部分洪水泄入分洪区，并整修了湖区堤垸水道，减轻了洪水对洞庭湖区的威胁。洞庭湖湖滨平原地势平坦，土地肥美，气候温和，雨水充沛，盛产稻米、棉花。湖内水产丰富，航运便利。

┃拓展思考┃

1. 褶纹冠蚌所产珍珠与三角帆蚌有何区别？

2. 褶纹冠蚌分布在哪里？

蝴 蝶

Hu Die

蝴蝶属于鳞翅目，从白垩纪起，就随着作为食物的显花植物而演进，并为之授粉，是昆虫演进中最后一类生物。全世界大约有 1.5 万多种蝴蝶，其中大部分分布在美洲，尤其在亚马逊河流域品种最多，在世界蝴蝶其他地区除了南北极寒冷地带以外，都有分布。在亚洲，台湾也以蝴蝶品种繁多著名。一般的蝴蝶都是色彩鲜艳，翅膀和身体有各种花斑，头部有一对棒状或锤状触角。最大的蝴蝶展翅可达 24 厘米，最小的只有 1.6 厘米。大型蝴蝶最吸引人，专门有人收集不同的蝴蝶标本，在美洲"观蝶"迁徙和"观鸟"一样，成为一种活动，吸引许多人参加，但却有少部分种类的蝴蝶是农业和果木的主要害虫。

※ 蝴蝶

蝴蝶与蛾的相似之处在于翅、体和足上均覆以一触即落的尘状鳞片。与蛾不同之处在于蝴蝶白天活动、色泽鲜艳或图纹醒目。两者最显著的区别大概是蝶的触角呈棒状，休息时翅折叠与背垂直。它们的生活周期都分为四个阶段：卵、幼虫、蛹、成虫，多数蝴蝶的幼虫和成虫以植物为食，通常只吃特定种类植物的特定部位。

◎形态特征

蝴蝶的触角粗壮，翅膀宽大，它们在停歇时双翅会竖立于背上，体和翅被扁平的鳞状毛覆盖，腹部瘦长，在白天的时候活动。在鳞翅目 158 科中，蝶类有 18 科。蝶类成虫吸食花蜜或腐败液体；多数幼虫为植食性。大多数种类的幼虫都以杂草或者野生植物为食。少部分种类的幼虫因取食

农作物而成为害虫。还有极少种类的幼虫因吃蚜虫而成为益虫。蝶类翅色绚丽多彩，人们往往作为观赏昆虫。蝴蝶漂亮的翅膀就像一件雨衣，鳞片里含有丰富的脂肪，能把蝴蝶保护起来，所以即使下小雨时，蝴蝶也能飞行。

◎发育过程

蝴蝶的发育过程要经过：受精卵、幼虫、蛹、成虫。蝴蝶的卵呈圆形或椭圆形，表面上有蜡质壳，这样可以防止水分蒸发，一端有细孔，是精子进入的通路。蝴蝶的品种很多，其卵的大小也有差别，蝴蝶的卵一般产在幼虫喜食的植物叶面上，为幼虫准备好食物。当蝴蝶卵进化为幼虫时，就开始进食，它们会吃掉大量植物叶子。幼虫大多数是肉虫，少数为毛虫。蝴蝶危害农业主要在幼虫阶段。随着幼虫生长，一般要经过几次蜕皮。幼虫成熟后就会变成蛹，一般情况下都会隐藏在植物叶子背面，用几条丝将自己固定住，之后直接化蛹，无茧。待幼虫逐渐成熟后，就会从蛹中破壳而出，但需要一定的时间使翅膀干燥变硬，蝴蝶无法躲避天敌，这个时候属于危险期。翅膀舒展开后，蝴蝶就可以飞翔了，蝴蝶的前后翅不同步扇动，因此蝴蝶飞翔时波动很大，姿势优美，所谓"翩翩起舞"，就来源于蝴蝶的飞翔。成虫以花蜜为食物，有的品种也吸食自然溢出的树汁、水中溶解的矿物质等。一般的蝴蝶会在交配产卵后，在冬季来临之前死亡，但也有的品种会迁徙到南方过冬，迁徙的蝴蝶群非常壮观。

◎分布范围

蝴蝶的数量以南美洲亚马逊河流域出产最多，其次是东南亚一带。世界上最美丽、最有观赏价值的蝴蝶，也多出产于南美巴西、秘鲁等国。而受到国际保护的种类，多分布在东南亚，如印度尼西亚、巴布亚新几内亚等国。在同一个地区、不同海拔高度就形成了不一样湿度环境和不同的植物群落，也相应形成很多不同的蝴蝶种群。中国云南就是一个很好的地方，在亚洲，台湾和海南也以蝴蝶品种繁多著名。

◎活动和栖息

蝴蝶幼虫的活动和栖息习性因为它们的虫种而各不相同。从活动时间来看，一般种类都是在早晚日光斜射时出来活动。当然也有例外的，有些种类（如菜青虫等）是在白天活动的，也有一些种类（如许多弄蝶幼虫）是夜出活动的。

从其活动的规律上看，群栖性的蝴蝶幼虫在取食和栖息活动上是保持一致的，它们都集中在一起取食或栖息，中华虎凤蝶就是一例。更有一些蝶类如荨麻蛱蝶的幼虫经常数十成群地在荨麻枝叶间吐丝做成乱网，犹如蜘蛛那样匿居其中，借以防御外敌，而且同时取食和栖息，颇有规律。蝴蝶在幼虫时期的栖息场所非常隐秘，即使刻意到野外寻找，也是一件很不容易的事。

▶ 知 识 窗

通常情况下，蝴蝶幼虫咬破卵壳孵化外出以后，有些种类会略事休息，然后啃食寄主植物；有些种类（例如红眼竹弄蝶）则先行取食卵壳，然后取食植物。还有一些种类的蝴蝶还需取食每次蜕皮时所蜕下来的旧表皮，例如菜粉蝶等。

蝴蝶幼虫的取食现对象因其品种而各有不同，大多数幼虫嗜食叶片；有些种类，例如花粉蝶、橙斑襟粉蝶等嗜食花蕾；还有一些种类蛀食嫩荚或幼果，例如豆荚灰蝶蛀食嫩豆荚，栀子灰蝶蛀食栀子幼果。除此之外，还有少数灰蝶科的幼虫是肉食性的，如蚜灰蝶嗜食咖啡蚧，竹蚜灰蝶专以竹蚜为食，这种肉食性的种类在蝶类中是并不多见的益虫。

蝴蝶在取食时，如果是在幼虫初期，会直接啃食叶肉，并将其上表皮残留下来，形成玻璃窗样的透明斑，以后幼虫食叶穿孔，或自叶缘向内蚕食。随着蝴蝶幼虫的逐渐成长，其食量也越来越大，倘若在一株植物上虫口密度很大，则全株常被啃食一空。

大部分的蝴蝶以花蜜为食，这些蝴蝶不仅只吸花蜜，而且爱好吸食某些特定植物的花蜜，例如蓝凤蝶嗜吸百合科植物的花蜜；菜粉蝶嗜吸十字花科的植物的花蜜；而豹蛱蝶则嗜吸菊科植物的花蜜等。还有一部分不吸食花蜜的蝴蝶，如竹眼蝶吸食无花果汁液，淡紫蛱蝶吸食病栎、杨树的酸浆。

|拓展思考|

1. 蝴蝶以什么为食？
2. 蝴蝶和飞蛾的区别有哪些？

螳 螂

Tang Lang

螳螂，按照螳螂的形体上来讲，它属于中至大型昆虫，它的头部呈三角形，而且活动自如，复眼大而明亮，触角细长，颈可自由转动。前足腿节和胫节有利刺，胫节镰刀状，常向腿节折叠，形成可以捕捉猎物的前足；前翅皮质，为覆翅，缺前缘域，后翅膜质，臀域发达，扇状，休息时叠于背上，腹部肥大。除了极地以外，广布世界各地，尤以热带地区种类最为丰富。世界已知的品种大约有 1585

※ 螳螂

种，中国约有 51 种，其中，广斧螂、欧洲螳螂、南大刀螂、中华大刀螂、北大刀螂、绿斑小螳螂等是中国农、林、果树和观赏植物害虫的重要天敌。

◎外形特征

螳螂的身体呈长形，常见的有绿色、褐色，也有一些种类带花斑。前足捕捉足，中、后足适于步行。卵产于卵鞘内，每 1 卵鞘有卵 20～40 个，排成 2～4 列。每个雌虫可产 4～5 个卵鞘，卵鞘是泡沫状的分泌物硬化而成，多粘附在树枝、树皮、墙壁等物体上。初孵出的若虫为"预若虫"，脱皮 3～12 次始变为成虫。一般 1 年 1 代，一只螳螂的寿命约有 6～8 个月左右，有些种类行孤雌生殖。一些螳螂具有肉食性，专门猎捕各类昆虫和小动物，在田间和林区能消灭不少害虫，所以说螳螂是益虫。螳螂性残暴好斗，缺食时常有大吞小和雌吃雄的现象。生活在南美洲的少数种类螳螂，有时还会攻击小鸟、蜥蜴或蛙类等小动物。螳螂本身就具有保护色，在不同环境下，还并有拟态，能与其所处的环境颜色相似，可以有效捕食多种害虫。

螳螂只吃活着的虫，以有刺的前足牢牢钳食自己的猎物。受到惊吓的时候，振翅沙沙作响，同时显露鲜明的警戒色。常见于植丛中而非地面上，体形可像绿叶或褐色枯叶、细枝、地衣、鲜花或蚂蚁。依靠拟态不但可躲过天敌，而且在接近或等候猎物时不易被发觉。螳螂是凶残的，雌虫在交尾后常吃掉雄虫，卵产在卵鞘内可保护其度过不良天气或天敌袭击，卵数约 200 个，若虫会同时全部孵出，常互相残杀。

▶ 知 识 窗

雌性螳螂无论是从食量、食欲或是捕捉能力等方面，均大于雄性，因此，雄性有时会有被吃掉的危险。雌性的产卵方式特别，既不产在地下，也不产在植物茎中，而是将卵产在树枝表面。交尾后 2 天，雌性一般头朝下，从腹部先排出泡沫状物质，然后在上面顺次产卵，泡沫状物质很快凝固，形成坚硬的卵鞘。第二年夏天来到的时候，会有数百只若虫从卵鞘中孵化出来，若虫蜕皮数次，便发育为成虫。

拓展思考

1. 为什么母螳螂会把公螳螂吃掉？
2. 螳螂以什么为食？

生活在湖泊湿地的动物

瓢虫

Piao Chong

瓢虫是一种体色鲜艳的小型昆虫，多见红、黑或黄色斑点。全世界范围内有超过5000种以上的瓢虫，其中450种以上栖息于北美洲。瓢虫的身体形似半个圆球，一般5～10毫米长。足短，色鲜艳。九星瓢虫的图案是在橘红鞘翅上各有4个黑斑点，以及各有半个斑点，这是典型的瓢虫颜色图案。

※ 瓢虫

◎生活习性

瓢虫和其他野生动物一样，它们没有固定的居所，所以只能坚强地忍受各种恶劣的气候，有时它们会藏身在树叶下面，把它作为挡风遮雨的保护伞。对于昆虫来说，一滴雨水有多种含义。如果它们想饮水，那么雨滴对它们来说就相当于水池，一个看不见底的巨大水杯。但如果环境相对恶劣的时候，雨滴就更显得其大无比，水滴表面的张力也可以使小昆虫像陷入沼泽地一样无法自拔。成年瓢虫会捕食一些肉质嫩软的昆虫，如蚜虫，但只要是没有披戴盔甲和其他保护外套，而且身体柔软、体型小的昆虫，都有可能成为它们的美餐。猎物们不会自投罗网，瓢虫必须经常飞动去搜索目标。瓢虫看上去不大可能会飞，它的体型不像个飞行员，而更像是个药箱。它有一个坚硬的外套，而它那套细小精致的翅膀会从外套下伸出，疯狂地舞动。不得不承认，瓢虫确实是一位技艺精湛的飞行家，也正是因为它们具有高超的飞行本领，所以才能在花园的各个角落里来去自如。

◎幼虫的生活

瓢虫在幼虫时期的生活非常简单，几乎每天都在花草间游弋，疯狂地捕食蚜虫。瓢虫的生命非常短暂，从卵生长到成虫的时期只需要大约一个

月的时间，所以无论在什么时候，我们都可以在花园里同时发现瓢虫的卵、幼虫和成虫。随着时间的推移，瓢虫的幼虫胃口越来越大，身体也会不断地增长，所以它们必须挣脱旧皮肤的束缚，开始了一个艰辛的历程——蜕皮。这个过程并不像我们脱掉旧衣服，再换一件大号外套那么简单。瓢虫的一生至少要经历5～6次的蜕皮过程，每次蜕皮都将是一次全新的体验，它们的身体会继续增长，直到积蓄足够的能量步入虫蛹阶段。

瓢虫在化成蛹的时候，会先为自己找一个安全的地方，然后悬挂着附在叶面下，开始经历惊心动魄的转变。它会从一个身体娇柔的幼虫变成体质强壮的成年瓢虫。这是一个令人难以想象的过程，幼虫的身体将被分解，然后重新组合、调整，再加以修饰装扮，这一切都是为了迎接它崭新的生命。当它最后破蛹而出变为一只新的成年瓢虫时，还要经历一些转变，因为此时它的身体仍旧柔软娇嫩，尚未完全发育成熟。这时的瓢虫会让自己暴露在阳光下，吸取充足的养分，使体色慢慢加深，斑纹也逐渐显露出来，几个小时后，它就会变得和花园中其他成年瓢虫一模一样了。

知识窗

瓢虫通常会将卵产在蚜虫时常出没的地方，以确保自己的儿女出生后能获取最大的生存机率。卵被孵化后，新出生的幼虫就会把身边的蚜虫作为它们可口的小吃，幼虫的模样与它的父母区别很大，它们还没有装备上厚实的盔甲，身体非常柔软，成节状分布，但却长着坚硬的鬃毛，可以起到保护作用。它们的下颚强壮有力，形状就像一把钳子，能够轻易地洞穿蚜虫的身体。瓢虫幼虫在受到外界刺激时，会分泌出一种淡黄色液体（成分为生物碱），虽然无毒，但具有强烈的刺激性气味，借以驱散敌害。

拓展思考

1. 瓢虫以什么为食？
2. 瓢虫对生存条件的基本要求有哪些？

蝗 虫

Huang Chong

蝗虫是群居型昆虫，全世界有大约有 1 万多种。分布于热带、温带的草地和沙漠地区。其散居型有蚱蜢、草蜢、草螟、蚂蚱。蝗虫的数量极多，生命力顽强，能栖息在各种场所。在山区、森林、低洼地区、半干旱区、草原分布最多。幼虫能跳跃，成虫可以飞行。蝗虫大多以植物为食，是作物的重要害虫，在严重干旱时可能会大量爆发，对自然界和人类形成灾害。

※ 蝗虫

◎蝗虫的生理结构

蝗虫的触觉很灵敏，其触角、触须、尾须，以及腿上的感受器都可感受触觉。味觉器在口内，触角上有嗅觉器官。第一腹节的两侧、或前足胫节的基部有鼓膜，鼓膜主要管听觉。复眼主管视觉，单眼主管感光。后足腿节粗壮，适于跳跃。雄性蝗虫以左右翅相互摩擦或以后足腿节的音锉摩擦前翅的隆起脉而发音，有的种类飞行时也能发音。

蝗虫的天敌有许多种，多为禽类、鸟类、蛙类和蛇等，同时人类也大量捕捉，有些地区的人们甚至以蝗虫为食品。蝗虫通常都是绿色、灰色、褐色或黑褐色，头大，触角短；前胸背板坚硬，像马鞍似的向左右延伸到两侧，中、后胸愈合不能活动。蝗虫的脚很发达，尤其是后腿的肌肉，更加强劲有力，外骨骼坚硬，使它能成为跳跃专家，胫骨还有尖锐的锯刺，是有效的防卫武器。头部除有触角外，还有一对复眼，是主要的视觉器官。同时还有 3 个单眼，仅能感光。头部下方有一个口器，是蝗虫的取食器官。蝗虫的口器是由上唇、上颚、舌、下颚、下唇组成的。它的上颚很坚硬，适于咀嚼，因此这种口器叫做咀嚼式口器。蝗虫的听觉器官在腹部，其体内有粗细不等的纵横相连的气管，气管一再分支，最后由微细的分支与各细胞发生联系，进行呼吸作用。

◎蝗虫的发育

蝗虫繁殖的最佳季节是夏季和秋季这两个季节，交尾后的雌蝗虫把产卵管插入 10 厘米深的土中，再产下约 50 粒的卵。产卵的时候，雌虫会分泌白色的物质形成圆筒形栓状物，然后再把卵粒产下。

蝗虫的发育过程比较复杂，它的生命是从受精卵开始的。刚开始由卵孵出的幼虫没有翅，只能够跳跃，这个时候叫做"跳蝻"。跳蝻的形态和生活习性与成虫相似，只是身体较小，生殖器官没有发育成熟，这种形态的昆虫又叫"若虫"。若虫逐渐长大，当受到外骨骼的限制不能再长大时，就脱掉原来的外骨骼，这叫蜕皮。蝗虫的一生要蜕 5 次皮，由卵孵化到第一次蜕皮，是 1 龄，以后每蜕皮一次，增加 1 龄。3 龄以后，翅芽显著。5 龄以后，变成能飞的成虫。可见，蝗虫的个体发育过程要经过卵、若虫、成虫三个时期，像这样的发育过程，叫做不完全变态。通常情况下，昆虫由卵发育到成虫，并且能够产生后代的整个个体发育史，称为一个世代，蝗虫在我国有的地区一年能够发生夏蝗和秋蝗两代，因此有两个时代。

蝗虫的卵大约需要 21 天即可孵化。孵化的若虫自土中匍匐而出，这个时候的外形和成虫很像，只是没有翅，体色较淡。幼虫在最初的 1、2 龄长得更像成虫，但头部和身体不成比例。到了 3 龄长出翅芽，这时 4 龄翅芽已很明显了。5 龄时的若虫身体发育已经成熟，再取食数日就会爬到植物上，身体悬垂而下，静待一段时间，成虫即羽化而出。

▶知识窗

蝗虫自幼虫起就有发达的咀嚼式口器，用以嚼食植物的茎、叶，善飞善跳，头部的一对触角是嗅觉和触觉合一的器官。它的咀嚼式口器有一对带齿的发达大颚，能咬断植物的茎叶。它后足强大，跳跃时主要依靠后足。蝗虫飞翔时，后翅起主要作用，静止时，前翅覆盖在后翅上起保护作用。雌性蝗虫的腹部末端有坚强的"产卵器"，能插入土中产卵，蝗虫产卵场所大都是湿润的河岸、湖滨及山麓和田埂。每 30～60 个卵成一块。从卵中孵出而未成熟的蝗虫叫"蝻"，需蜕 5 次皮才能发育为成虫。雨过天晴，可促使虫卵大量孵化。蝗虫的飞翔能力着实惊人，它们可连续飞行 1～3 天，蝗虫飞过时，群蝗振翅的声音非常响亮，就像海洋中的暴风呼啸。

| 拓展思考 |

1. 怎样防治蝗虫？
2. 蝗虫以什么为食？